凤凰含章

用 心 创 造 现 代 阅 读 之 美

含章·图鉴系列

矿物与岩石图鉴

陈长伟　主编　壹号图编辑部　编著

江苏凤凰科学技术出版社·南京

图书在版编目（CIP）数据

矿物与岩石图鉴 / 陈长伟主编；壹号图编辑部编著
. -- 南京：江苏凤凰科学技术出版社，2017.4（2024.10重印）
（含章 · 图鉴系列）
ISBN 978-7-5537-6574-7

Ⅰ. ①矿… Ⅱ. ①陈… ②壹… Ⅲ. ①矿物 - 图集②
岩石 - 图集 Ⅳ. ①P57-64②P58-64

中国版本图书馆CIP数据核字(2016)第140506号

含章 · 图鉴系列

矿物与岩石图鉴

主　　编	陈长伟
编　　著	壹号图编辑部
责任编辑	汤景清　祝　萍
责任设计	蒋佳佳
责任校对	仲　敏
责任监制	方　晨
出版发行	江苏凤凰科学技术出版社
出版社地址	南京市湖南路1号A楼，邮编：210009
出版社网址	http://www.pspress.cn
印　　刷	天津睿和印艺科技有限公司
开　　本	880 mm × 1 230 m　1/32
印　　张	8
插　　页	1
字　　数	300 000
版　　次	2017年4月第1版
印　　次	2024年10月第6次印刷
标准书号	ISBN 978-7-5537-6574-7
定　　价	45.00元

图书如有印装质量问题，可随时向我社印务部调换。

前言

矿物与岩石是地壳的基本组成部分。它们的形态多种多样，包括光滑的鹅卵石、靓丽的翡翠、粗糙的石块、绚丽的大理石等。它们存在于我们生活的方方面面，成为我们生活中不可或缺的一部分。

矿物是在地质作用下自然形成的固态无机物，具有固定的化学成分和稳定的化学性质，约有 7000 种，其中绝大多数为晶质矿物，只有少数属于非晶质矿物。矿物是极为重要的自然资源，广泛应用于工农业的各个部门。它大小不一，就单体而言，大小悬殊，有的肉眼可见，有的需用放大镜才能观察到，有的则需借助显微镜才能分辨；晶型也有不同，有的呈规则的几何多面体形态，有的则呈不规则的颗粒状。

岩石由一种或多种矿物混合而成，是具有一定结构的集合体，按照成因可分为岩浆岩、沉积岩、变质岩，其中大理石、花岗岩等可作建材，钻石、水晶等可作首饰装饰品，金矿、黄铜矿等则可提炼金属，还有一些如蓝铜矿等可作颜料，用途极广。

近些年来，收藏品市场异常火爆，除了字画等传统收藏项目，一些冷门的收藏品也渐渐走入人们的视野，矿物与岩石就是其中重要的一项。收藏矿物和岩石，采集就是其中重要的组成部分。采集矿物与岩石的过程可能会把你带到另一个世界，可能是海边、河边的峭壁，也可能是采石场、道路或铁路路堑等人工开采场所，还有可能是几百万年前的火山活动地。在这个过程中，不仅可以体会到采集的乐趣，还可以领略到不一样的风景。

本书选取了具有代表性的矿物与岩石，对其进行了详细介绍，包括类别、成分、硬度、特征、成因、鉴定、比重、解理、断口、晶系等，并且还为每种矿物与岩石配了多角度的高清彩色图片，展示矿物与岩石的各部位特征，以方便读者辨认。

在本书的编写过程中，我们得到了一些专家的鼎力支持，也有一些矿物与岩石的爱好者对本书的制作提出了宝贵意见，在此表示感谢！由于编者水平和编写时间有限，书中难免存在不足之处，欢迎广大读者批评指正。

阅读导航

介绍矿物的类别、成分、硬度，了解矿物的基本情况。

介绍矿物的基本特征，包括结构、晶体、颜色、光泽、用途等，使读者能够从根本上认识该矿物。

介绍矿物的物理性质和化学性质，使读者能够深入了解矿物的性质。

介绍矿物的比重、解理、断口，有助于读者辨别矿物。

类别： 自然元素　**成分：** Au　**硬度：** 2.5~3.0

自然金

自然金产自矿脉或砂矿，因形状像狗头，又名“狗头金”。能否形成自然金，主要与产地地质状况以及载金矿物的成分和含量有关。金是一种重要的贵金属，不仅可用于制作装饰品及仪表零件等，还是唯一一种国际储备货币。

成因： 自然金的形成与高、中温热液或火山热液的作用密不可分，并常与石英及硫化物相伴生，见于未固结的砂积矿床、砂岩和砾岩中，也可在河床中找到颗粒状或块状的冲击砂金。

鉴定特征： 自然金不溶于任何一种单独酸性溶液，但溶于王水。

一般为粒状、鳞片状或树枝状，但也有少数为不规则的块状

含杂质较少的自然金为金黄色至浅黄色，但随着含银量地增加，颜色逐渐变浅

具有金属光泽，但不透明

比重： 15.6~19.3　**解理：** 无　**断口：** 锯齿状

24 矿物与岩石图鉴

类别：自然元素　成分：Ag　硬度：2.5~3.0

自然银

自然银在自然界中自然产生，常含金、汞等杂质。它的颜色与条痕均为银白色。它的性质较稳定，但会与硫或硫化物起化学反应，可变成灰色或黑色的硫化银。日常生活中的常见银可从自然银中提取，但却并不是它的主要来源，常用银主要还是由辉银矿等含银矿物中提炼而来。

成因：自然银形成于中、低温热液矿床中，见于含铅锌的硫化物中，常与钴镍砷化物、含银硫盐矿物、自然铋以及沥青铀矿等共生。此外，自然银也出现在含有机质的方解石脉内，但其中含有汞。

鉴定特征：具有金属光泽，延展性强；溶于硝酸；熔点低，易熔；如果暴露于硫化氢中，银就会失去光泽；可导热和电。

集合体通常呈不规则的粒状、块状或树枝状

新断口为银白色，氧化后为灰黑的锖色

自然银含金、汞等杂质较多时，便会呈现黄色等其他颜色

比重：10.1~11.1　解理：无　断口：锯齿状

第一章 矿物 25

介绍矿物的形成原因，使读者能够了解矿物的来源。

通过对矿物的图解，可以使读者更加直观地了解矿物的组成部分。

全书均配有高清图片，使读者能够全面认识矿物。

目录

玉髓

第一章 矿物

紫水晶

玛瑙

黄玉

蓝晶石

第二章 岩石

片麻岩

采集矿物与岩石

野外装备

第一，参考资料。包括旅行指南、详细的地图、地质图、大比例尺的地形图等。

第二，罗盘。它是野外作业必须携带的工具之一，尤其在缺少地形特征的地区，更需要用罗盘定位。

罗盘

第三，硬盔安全帽。在峭壁下或采石场的开采面上工作时，为了保证安全，必须带上硬盔安全帽。

安全帽

第四，地质锤、钢凿（扁头凿和细长尖头凿）等采集工具。地质锤主要用来敲打岩石，一般不用它来挖掘，但为了保护所在地区的地质环境不被破坏，尽量要少用；钢凿则主要用来采集各种矿物或岩石。

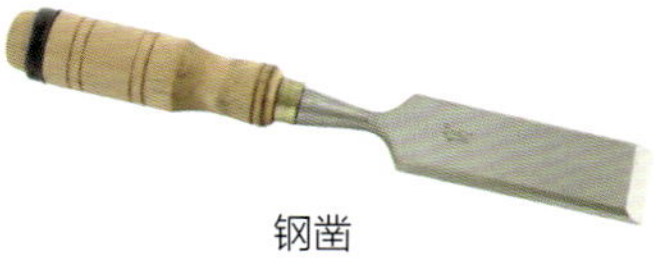

钢凿

第五，护目镜和手套。在使用各种锤子作业时，应戴护目镜，以防岩石的碎屑溅入眼中，同时也要戴上手套以保护双手。

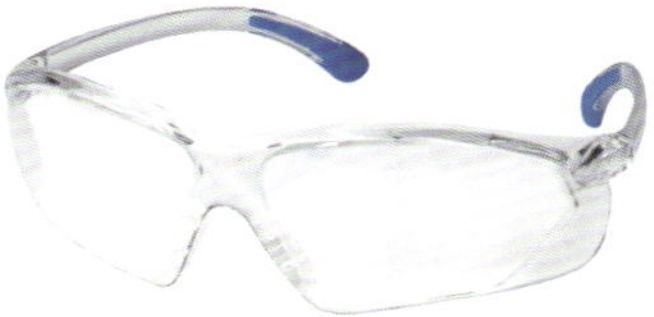

护目镜

手套

第六，照相机、摄像机、笔记本、圆珠笔、铅笔等。缺乏详细记录的矿物与岩石标本没有科学价值，因此，一定要记下、拍下或摄录下标本的采集情况，还要在笔记本上记下详细的笔记，包括采集地点的地层、岩石构造和地质状况等，并配上草图。

照相机

笔

笔记本

卤化物

卤化物是含有卤族元素氟、氯、溴、碘的矿物。它们一般与金属原子化合成矿物，如石盐由钠和氯组成，萤石由钙和氟组成。卤化物的数量比较少，约有 100 种。

石盐

氧化物和氢氧化物

氧化物是由一种或两种金属元素氧化而成的化合物，氢氧化物则是由一种金属元素与水和羟基化合而成的矿物，这类矿物约有 250 种。

赤铁矿

硫化物

硫化物是由硫与金属、半金属元素化合而成的矿物，最为常见，如黄铁矿和雄黄，约有 300 种。

黄铁矿

碳酸盐

碳酸盐是由一种或多种金属元素与碳酸根（CO_3）$^{2-}$ 化合而成，约有 200 种，而方解石是最常见的碳酸盐，由钙与碳酸根化合而成。

方解石

硫酸盐

硫酸盐是由一种或多种金属元素与硫酸根（SO_4）$^{2-}$ 化合而成。

天青石

磷酸盐

磷酸盐是由一种或多种金属元素与磷酸根（PO_4）$^{3-}$ 化合而成，这类矿物一般色彩鲜艳，且一般与砷酸盐和钒酸盐伴生。

磷灰石

硅酸盐

硅酸盐是由金属元素与单个或连结的 Si–O（硅—氧）四面体 Si^{4+} 化合而成，这是一类重要而常见的矿物，约有 500 种。

蓝晶石

矿物的性质

测试矿物的性质，必须测矿物的颜色、光泽、集合体形态，以及解理、断口、硬度、比重和条痕等。

晶系

根据矿物晶体的对称性和几何形状可分为六大晶系，包括单斜晶系、等轴晶系、三斜晶系、斜方晶系、正方晶系、六方晶系或三方晶系。每个晶系都有多种不同的形态，同一个晶系内的所有形态都应该与该晶系的对称性有关。

光卤石

集合体

集合体是晶体的外部特征，决定矿物的主要形态，包括树枝状、刃片状、柱状、针状、块状、肾状等。

雌黄

双晶

双晶是指同一种矿物的两个或多个晶体彼此有规律地连在一起，可分为接触双晶、穿插双晶、聚片双晶。接触双晶，从外观上看，呈放射状块体；穿插双晶，为两个晶体连生在一起；聚片双晶是两个以上的晶体彼此平行重复地连在一起。

解理

解理是指沿矿物薄弱面的裂开方式，这些面一般处于原子层间或原子化学键力最弱的向。尽管矿物的解理面不如晶面那样光滑，但仍然能均匀地反射光线。可将解理描述为完全、清楚、不清楚和无解理。

镍铁矿

断口

用地质锤敲打矿物，它就会裂开，然后露出粗糙的表面，这就是断面，可用参差状、贝壳状、锯齿状和裂片状描述。

蓝宝石

硬度

硬度是指矿物抵抗刻划的能力。我们一般使用莫斯发明的硬度标准去判断矿物的硬度，即莫氏硬度，其分为10级：滑石（1级）、石膏（2级）、方解石（3级）、萤石（4级）、磷灰石（5级）、正长石（6级）、石英（7级）、黄玉（8级）、刚玉（9级）、金刚石（10级）。其中滑石（1级）硬度最小，金刚石（10级）硬度最大。在莫氏硬度中，等级高的矿物可以刻划等级低的矿物，如方解石能刻划石膏，但不能刻划萤石。

除了莫氏硬度，也可用日产用品来测定矿物硬度，如先用硬币，再用小刀、玻璃或石英。

现在已有专门测试矿物硬度的测试器，即硬度测试器，测定范围从 3~10，可以很方便地测出矿物硬度。

刚玉

比重

矿物的比重是指矿物的重量与同体积水的重量之比，可用数字表示，如比重 2.5 表示该矿物重量是同体积水重量的 2.5 倍。

赤铁矿

颜色

矿物的颜色是指在自然光状态下呈现出的颜色。它能帮助我们鉴定色彩鲜明的矿物，但也不能完全依靠这项特征，因为有些矿物有多种颜色，还有些矿物为白色或无色，所以，鉴定矿物需综合各种因素，方能得出准确的鉴定结论。

条痕

条痕是指矿物粉末的颜色。一般可在白色无釉瓷板上刻划得到矿物粉末，但如果矿物较坚硬，则可用地质锤敲碎一部分或用坚硬的表面与它摩擦，进而得到矿物粉末。由于矿物的条痕色比矿物的颜色稳定，所以它是矿物鉴定的重要特征。

蛋白石

透明度

矿物的透明度是指矿物能透过可见光的程度，这与矿物晶体结构的原子连接方式有关。当矿物切成 0.03 毫米的薄片时，如果能清晰地透视其他物体为透明，如果能通过光线，但不能清晰透视其他物体者为半透明，而光线完全不能通过者为不透明。

光泽

光泽是矿物表面对光的反射能力，它主要由矿物的表面性质和反射率大小决定，常用暗淡、金属、珍珠、玻璃、油脂和丝绢等术语描述。

辰砂

岩石

岩石是几种矿物的集合体，它是地壳的重要组成部分，根据成因可分为三大类：岩浆岩、变质岩和沉积岩。

岩石的形成

地球内部的地壳运动从未停息，因此，新的岩石也在不断形成。

地球内部的岩浆经过地壳运动而缓慢上升，岩浆岩就在这上升冷却的过程中形成。之后地球运动使一部分岩浆岩上升到地表，在冰川、流水和风的侵蚀作用下，岩石破碎成颗粒，再被冰川、河流和风力搬运，逐渐在湖泊、三角洲和沙漠中沉积下来，形成沉积岩。此外，在大规模的造山运动中，经过高温高压的作用，部分岩浆岩和沉积岩变成变质岩。

五花石

天河石

岩浆岩的性质

岩浆岩是由液态岩浆或熔岩结晶而成，岩浆的原始成分、侵入地壳的方式及冷却速度都会影响其组成成分和性质。

黄榴石

成因

岩浆岩主要有侵入和喷出两种成因。侵入成因的岩浆岩是液态岩浆在地壳内部经缓慢冷却而形成，而喷出成因的岩浆岩则是液态岩浆自然溢流或喷出地表快速冷却而成。

粗粒花岗岩

产状

产状是指熔岩冷却凝固的形态，如深成岩为大而深的侵入岩，可以绵延数千米，岩脉为狭长、不规则的板状岩体，岩床则为整合的席状。

花岗闪长岩

矿物成分

岩石是矿物的集合体，长石、云母、石英和铁镁等矿物都是岩石的组成成分，而矿物的成分决定了岩石的化学性质。

文象伟晶岩

颗粒大小

一般而言，岩浆岩中的深成岩颗粒粗大，喷出岩则颗粒细小，如辉长岩等粗粒岩浆岩的晶体直径超过 5 毫米，中粒玄武岩的晶体为 0.5~5 毫米，细粒玄武岩的晶体直径小于 0.5 毫米。

紫苏花岗岩

晶体形状

岩浆缓慢冷却使矿物晶体发育成完好的自形晶，岩浆快速冷却则会形成劣形晶。

更长环斑花岗岩

结构

结构是指矿物颗粒或晶体的排列方式。

玄武岩浮岩

颜色

矿物的颜色是矿物化学性质的精确指标，可以反映出某种矿物的含量。酸性岩呈浅色，基性岩呈深色，中性岩则在两者之间。

文象伟晶岩

化学成分

根据化学成分，岩浆岩可分为以下几类：酸性岩，含 65% 以上的硅酸盐和 10% 以上的石英；中性岩，含 55%~65% 的硅酸盐；基性岩，含 45%~55% 的硅酸盐和 10% 以下的石英；超基性岩，硅酸盐含量小于 45%。

欧泊

沉积岩的性质

沉积岩有两个显著特征，可以很容易地与岩浆岩、变质岩区分开来：一是沉积岩以层状产出，通常可以顺层剥离；二是沉积岩一般含生物化石，而岩浆岩从不含化石，变质岩中也比较少见。

成因

岩石颗粒经过风力、流水、冰川等搬运，沉积于陆地、河湖以及海洋，主要形成于地表或接近地表的地方。

岩盐

化石

沉积岩中保存了大量的动植物化石，这些化石可以促进古生物学、地球学等学科的研究，如海洋生物化石可以说明岩石是在海洋环境下形成的。

泥岩

颗粒大小

沉积岩的颗粒大小通常用粗粒、中粒和细粒等术语表述。粗粒岩的碎屑肉眼可见，如砾岩、角砾岩和砂岩；中粒岩的颗粒可用便携式放大镜分辨，如砂岩；细粒岩的颗粒则可用显微镜观察，主要包括页岩、黏土岩和泥岩。

颗粒形状

沉积岩的颗粒形状取决于它的搬运方式，例如风蚀作用会形成圆形颗粒，流水作用则会形成带棱角的沙砾状颗粒。

贝壳石灰岩

分类

沉积岩可根据其岩石颗粒的来源，分为碎屑岩、生物岩和化学岩。碎屑岩含有先成岩的颗粒，生物岩含有壳或其他化学碎屑，化学岩则是化学沉淀的产物。

砂岩

变质作用的类型

变质岩是岩浆岩、沉积岩在高温、高压的作用下形成。

石灰华

区域变质作用

区域变质作用是指造山带附近的温度和压力作用，变质作用最强，变质范围可达几千平方千米，形成区域变质岩。下面将举例说明在不同的压力作用下，页岩是如何形成不同的变质岩的。

无压力。页岩是一种细粒沉积岩，含有黏土矿物、石英和化石，无压力时，不变质。

低压。在低压状态下，页岩会扭曲或损坏，形成板岩。

中压。在中压状态下，页岩形成中粒片岩。

高压。在高压、高温热液活动强烈的地质环境中，页岩会变成粗粒的片麻岩。

钾盐

接触变质作用

接触变质作用是指岩浆侵入体周围或熔岩流附近的温度和压力作用，接触变质岩就是在温度和压力的直接作用下形成，而变质带的范围与岩浆或熔岩的温度或侵入体的大小有关。高温不仅改变了原岩中的矿物，引起重结晶，而且也使所含化石消失。如悬崖底部的深色粗粒玄武岩在侵入的黑色页岩热流作用下形成较轻的角质岩，砂岩则在温度和压力作用下变成结晶、无孔的石英岩。

动力变质作用

动力变质作用是指在发生大规模地壳运动时，在地壳内，尤其是在断层附近，产生的挤压作用。这时大块岩石挤压在一起，它们相互接触的地方被研磨粉碎，形成糜棱岩。

化石页岩

变质岩的性质

变质岩的典型特征之一就是组成岩石的矿物呈晶体状，晶体的排列方向由温度和压力决定，晶体的颗粒大小则直接反映了它们所受的温度和压力强度。因此，我们可以通过观察变质岩中的晶体来确定其成因。

构造

构造是指矿物在岩石中的排列和分布特点，如接触变质岩晶质构造，晶体排列不规则，而区域变质岩则呈片理构造，压力使某些矿物排成直线。

云母片岩

颗粒大小

从颗粒大小可以判断岩石形成的温度和压力条件，一般压力越大、温度越高，形成的岩石颗粒就会越大。因此，低压下形成的板岩为细粒，中压下形成的片岩为中粒，高温、高压下形成的片麻岩为粗粒。

粒状片麻岩

温度和压力

变质作用产生的温度为 250~800℃，低于这个温度则不能产生变质作用，而高于这个温度，岩石会熔化成岩浆或熔岩；变质作用产生的压力为 2000~10000 千帕，低于这个压力不能产生变质作用，而高于这个压力，岩石呈粉末状。

泉华

矿物含量

变质岩中的特有矿物对鉴定很有帮助，如石榴子石和蓝晶石存在于片岩和片麻岩中，黄铁矿晶体常嵌生于板岩的劈理面，而水镁石则出现在大理岩中。

白垩

岩石鉴定

岩石鉴定主要分为四步：第一步，判断岩石是岩浆岩、沉积岩，还是变质岩；第二步，确定颗粒大小，分为粗粒、中粒、细粒；第三步，考虑岩石的其他特征，如颜色、构造、矿物组合等。具体鉴定步骤如下：

第一步，判断岩石是岩浆岩、沉积岩，还是变质岩。

岩浆岩呈晶质结构，由矿物晶体互相连结聚集而成。岩石里的晶体，或无规律聚集，或显示出某种方向性。岩浆岩没有沉积岩的层理结构，也没有变质岩的片理结构。有些熔岩还充满气孔。不含化石。

橄榄岩

沉积岩有明显的层理，其矿物颗粒连结松散，用手指即可蹭下。除此之外，最重要的是沉积岩含有化石，可依此与岩浆岩和变质岩区别。

砂岩

变质岩分为两类，一类是区域变质岩，有独特的片理结构，呈波浪状，不像沉积岩的层理面那样平坦；另一类是接触变质岩，其晶体呈较不规则排列。

云母片岩

第二步，确定颗粒大小。

在确定岩石类别之后，就要确定岩石颗粒大小，可分为细粒、中粒、粗粒。这里要特别注意：颗粒大小是指组成岩石的颗粒大小，而不是嵌生其中的个别晶体的大小。

玄武岩

第三步，考虑岩石的其他特征，如颜色、构造、矿物组合等。

根据前两步判断出岩石类别和岩石颗粒大小之后，再综合其他特征做出准确判断。

如果是岩浆岩，下一步就是观察颜色。酸性岩富含密度小的淡色硅酸盐，颜色浅；基性岩和超基性岩富含密度大的铁镁矿物，颜色深；中性岩，其矿物含量在前两类之间，颜色也深浅居中。

淡辉长岩

如果是沉积岩，就要观察它的矿物成分。沉积岩按照矿物成分可分为四类：主要含岩石碎屑的岩石；主要含石英碎屑的岩石，石英通常呈灰色，且很坚硬，易于辨认；主要含碳酸钙的岩石，含碳酸钙的岩石不仅颜色浅淡，而且与稀盐酸作用，还会起泡；最后是含其他矿物的岩石。

角砾岩

如果是变质岩，那就应该观察它是否具有片理结构，片理是变质岩最突出的特征之一，即在温度和压力作用下，某些矿物的定向排列。

变质石英岩

第一章
矿物

矿物是组成岩石的基本单元，
根据其主要化学成分的不同，
可分为自然元素、硫化物及其类似化合物、
卤化物、氧化物及氢氧化物类、
含氧盐矿物类（如硅酸盐、碳酸盐、
硫酸盐等）五大类。

自然金

自然金产自矿脉或砂矿，因形状像狗头，又名“狗头金”。能否形成自然金，主要与产地地质状况以及载金矿物的成分和含量有关。金是一种重要的贵金属，不仅可用于制作装饰品及仪表零件等，还是唯一一种国际储备货币。

成因： 自然金的形成与高、中温热液或火山热液的作用密不可分，并常与石英及硫化物相伴生，见于未固结的砂积矿床、砂岩和砾岩中，也可在河床中找到颗粒状或块状的冲击砂金。

鉴定特征： 自然金不溶于任何一种单独酸性溶液，但溶于王水。

比重：15.6~19.3	解理：无	断口：锯齿状

类别： 自然元素　**成分：** Ag　**硬度：** 2.5~3.0

自然银

自然银在自然界中自然产生，常含金、汞等杂质。它的颜色与条痕均为银白色。它的性质较稳定，但会与硫或硫化物起化学反应，可变成灰色或黑色的硫化银。日常生活中的常见银可从自然银中提取，但却并不是它的主要来源，常用银主要还是由辉银矿等含银矿物中提炼而来。

成因： 自然银形成于中、低温热液矿床中，见于含铅锌的硫化物中，常与钴镍砷化物、含银硫盐矿物、自然铋以及沥青铀矿等共生。此外，自然银也出现在含有机质的方解石脉内，但其中含有汞。

鉴定特征： 具有金属光泽，延展性强；溶于硝酸；熔点低，易熔；如果暴露于硫化氢中，银就会失去光泽；可导热和电。

集合体通常呈不规则的粒状、块状或树枝状

新断口为银白色，氧化后为灰黑的锖色

自然银含金、汞等杂质较多时，便会呈现黄色等其他颜色

比重：10.1~11.1	解理：无	断口：锯齿状

类别：自然元素　**成分**：Pt　**硬度**：4.0~4.5

自然铂

自然铂在自然界中自然产生，是指主要含铂元素的矿物，一般含铁、铱、钯、铑等杂质，可用于提炼金属铂。如果铂中含有铁杂质，颜色会偏黑，并微具磁性，还有良好的导电性。一般的自然铂实际上多是粗铂矿，即含铂量为9%~11%，如果更高则称为铁铂矿。

成因：自然铂主要产于橄榄辉长岩、辉石岩、橄榄岩和纯橄榄岩等基性和超基性的火成岩中，尤其在纯橄榄岩中较常见，与橄榄石、铬铁矿、辉石和磁铁矿等共生。

鉴定特征：自然铂不溶于任何酸性溶液，除热王水。

不透明，具有金属光泽

一般呈不规则的粒状或鳞片状，但也有少数为较大的块状

颜色由自然铂中的铁含量决定，一般呈银白色至暗钢灰色，故又名“白金”

比重：21.4	解理：无	断口：锯齿状

类别： 自然元素　**成分：** Cu　**硬度：** 2.5~3.0

自然铜

自然铜在自然界中自然生成，是指主要含铜元素的矿物，通常会含有微量的铁、银及金等其他矿物元素。集合体呈片状、板状及块状。易氧化，氧化后可变为赤铜矿、孔雀石、蓝铜矿等铜的氧化物和碳酸盐。自然铜的新断面为红色，氧化后则呈棕黑色或绿色。

成因： 自然铜形成于热液矿床中，见于含铜硫化物矿床的氧化带下部及砂岩铜矿床中，常与赤铁矿、孔雀石、辉铜矿等伴生。

鉴定特征： 自然铜溶于硝酸。

比重：8.9	解理：无	断口：锯齿状

类别：自然元素　　**成分：**As　　**硬度：**3.5

自然砷

自然砷是化学元素砷以自然状态呈现的矿物，除砷外，还含有少量的锑、银、铋、金及铁等其他矿物元素。集合体常呈细粒状、块状、钟乳状及肾状，且为同心圆构造。颜色为锡白色，如果暴露在空气中，会逐渐变为暗灰色或黑色。砷有毒性，自然砷是一种剧毒物质。可用于提炼砷和制造三氧化二砷（砒霜）等砷化合物。

成因：自然砷主要形成于热液矿脉中，与方铅矿、辉锑矿、雄黄、雌黄、辰砂、重晶石等共生。

鉴定特征：自然砷在加热或敲打后会散发出大蒜味。

比重：5.7	**解理：**完全	**断口：**参差状

■ **类别：** 自然元素　**成分：** Sb　**硬度：** 3.0~3.5

自然锑

自然锑是指主要含锑元素的矿物，常含少量的砷、铁、银以及硫黄等其他矿物元素。晶体为菱面体，集合体一般为粒状、葡萄状或钟乳状。颜色为锡白色至浅灰色，失去光泽后为深灰色，条痕则为灰色。不透明，有金属光泽。它是提炼锑和制造锑白等锑化合物的主要矿物原料。

成因： 自然锑形成于热液矿脉中，常与自然砷和锑硫化物相伴生。

鉴定特征： 自然锑具有脆性；遇冷后会膨胀；受热后会散发出大蒜味。

晶体为菱面体，集合体一般为粒状、葡萄状或钟乳状

不透明，有金属光泽

颜色为锡白色至浅灰色，失去光泽后为深灰色

比重：5.7	解理：完全	断口：参差状

类别：自然元素　**成分：**S　**硬度：**1.0~2.0

自然硫

自然硫是指主要含硫元素的矿物，可由火山作用和沉积作用形成。它一般都含有少量杂质，火山作用形成的硫，常含硒、碲、砷等，沉积作用形成的硫，则常夹着泥沙等。纯净的硫为黄色，但自然硫因含不同的杂质而呈现出不同色调的黄色；条痕为淡黄色。半透明至透明，晶面有金刚光泽，断口有油脂光泽。晶体常呈双锥状或厚板状，集合体则常呈致密块状、粒状、条带状、球状及钟乳状。它主要用来制作硫酸和硫黄。

成因：自然硫形成于岩浆岩、沉积岩以及硫化矿床的风化带中，常与方解石、白云石、石英等共生。

鉴定特征：自然硫不溶于水、盐酸和硫酸，稍溶于酒精和醚类，易溶于二氧化碳、四氯化碳、有机溶剂、二硫化碳和苯等，在硝酸和王水中则被氧化成硫酸。易燃，火焰呈蓝紫色，并散发刺鼻的硫黄味。

半透明至透明，晶面有金刚光泽，断口有油脂光泽

纯净的硫为黄色，但自然硫因含不同的杂质而呈现出不同色调的黄色

晶体常呈双锥状或厚板状，集合体则常呈致密块状、粒状、条带状、球状及钟乳状

比重：2.05 ~2.08　**解理：**不完全　**断口：**贝壳状

类别：自然元素 **成分：**Hg **硬度：**液体

自然汞

自然汞是指自然界中汞元素的集合体，偶尔含少量的金和银。它在常温状态下以液体存在，并形成小球珠，且 39℃以下的晶体呈菱面体。颜色、条痕均为锡白色。不透明，具有金属光泽。

成因：自然汞形成于低温热液矿脉中，产生于石英脉、重晶石脉、碳酸盐脉及白云岩裂隙中，与辰砂、黑辰砂、辉锑矿、闪锌矿、硫铜锑矿、黄铁矿等共生或伴生。

鉴定特征：自然汞溶于硝酸。

比重：14.26	解理：无	断口：无

类别：自然元素 **成分：**Bi **硬度：**2.0~2.5

铋华

铋华是一种次生矿物，由辉铋矿或自然铋氧化形成。晶体虽常呈双晶，却并不明显。一般为块状、树枝状、网状、片状和粒状集合体。银白色，表面略带微红或晕彩。条痕为银白色。

成因：铋华形成于热液矿脉和伟晶岩中。

鉴定特征：铋华不仅在低温下会融化，而且还易溶于硝酸。

比重：9.7~9.8	解理：完全	断口：参差状

类别：自然元素　　成分：Ni，Fe　　硬度：4.0~5.0

镍铁矿

镍铁矿是红土镍矿的一种，这种矿物并不常见。其中，镍铁矿的铁含量较高，硅和镁的含量较低。集合体通常呈块状和粒状。颜色为铁灰色、深灰色或黑色，条痕为铁灰色。物体不透明，新鲜面有金属光泽。虽然地核主要由铁和镍组成，但它在地球表面仍是稀有物质。

成因：镍铁矿有些出现在蚀变后的玄武岩中，有些出现在蚀变后的超基性岩石中，还有些以铁纹石——镍纹石的块状物出现在陨石中。

鉴定特征：镍铁矿具有强磁性。

颜色为铁灰色、深灰色或黑色，条痕为铁灰色

集合体通常呈块状和粒状

物体不透明，新鲜面有金属光泽

比重：7.3~8.2	解理：无	断口：参差状

类别：自然元素　成分：C　硬度：1.0~2.0

石墨

石墨是碳元素的同素异形体，也是最软的一种矿物。黑灰色，具有良好的导电、导热性。有滑感，易污染纸张，可用来制造润滑剂和铅笔芯。

成因：石墨在高温、高压下形成，常见于大理岩、片岩或片麻岩等变质岩中。有些由含有机质或碳质的沉积岩经区域变质作用形成，有些由煤层经热变质作用形成，还有些是岩浆岩的原生矿物。

鉴定特征：石墨摸起来有滑腻感，在纸上摩擦，会留下灰色的痕迹。

比重：2.1~2.3	解理：完全	断口：参差状

类别：自然元素　成分：C　硬度：10

金刚石

金刚石由碳元素组成，是“钻石”的原石，也是地球上最坚硬的物质。根据所含杂质的不同，颜色多为黄色、褐色、灰色、绿色、蓝色、乳白色和紫色等，不含杂质则为无色。不含杂质者为透明，含杂质者半透明或不透明。多数为金刚光泽，少数为油脂光泽或金属光泽。

成因：金刚石仅产于金伯利岩或少数钾镁煌斑岩中，但在河流、冰川等外力作用下，也可能出现在其他地方。

鉴定特征：金刚石发荧光，在阴极射线、X 射线和紫外线的照射下，会发出绿色、天蓝色、紫色、黄绿色等荧光。它在阳光下还会发出磷光，为淡青蓝色。它耐酸、耐碱，高温下不与浓氢氟酸、氯化氢、硝酸作用。

不含杂质者透明，含杂质者半透明或不透明

根据杂质的不同，颜色多为黄、褐、灰、绿、蓝、乳白和紫等色

一般为金刚光泽，少数为油脂光泽或金属光泽

比重：3.52　解理：完全或不完全　断口：贝壳状或参差状

类别： 砷化物　**成分：** $Zn_2(AsO_4)(OH)\cdot H_2O$　**硬度：** 4.5~5.0

水羟砷锌石

水羟砷锌石主要由含水的砷酸锌构成。晶体为柱状，偶尔也有板状。颜色为无色或鲜黄色。透明，具有玻璃光泽。主要用于磨制翻面宝石和收藏。

➲ **成因：** 水羟砷锌石呈脉状产于石灰岩中。

➲ **鉴定特征：** 水羟砷锌石性脆。

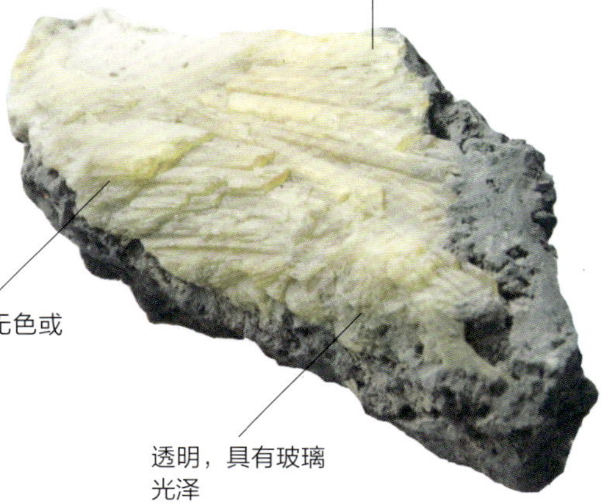

晶体为柱状，偶尔也有板状

颜色为无色或鲜黄色

透明，具有玻璃光泽

比重： 3.98~4.04　**解理：** 不完全　**断口：** 贝壳状至参差状

类别： 砷化物　**成分：** $CoAs_{2-3}$　**硬度：** 5.5~6.0

方钴矿

方钴矿是钴、镍的砷化物。颜色为锡白色至钢灰色，有时也带浅灰色或虹彩锖色，条痕为灰黑色。一般为粒状集合体，晶体比较少见。不透明，具有金属光泽。

➲ **成因：** 方钴矿形成于热液矿脉。

➲ **鉴定特征：** 方钴矿具有导电性。它在加热后还会释放出浓烈的大蒜味。

一般为粒状集合体，晶体比较少见

颜色为锡白色至钢灰色，有时也带浅灰色或虹彩锖色，条痕为灰黑色

不透明，具有金属光泽

比重： 6.8　**解理：** 不完全　**断口：** 参差状

类别：砷化物　成分：NiAs　硬度：5.0~5.5

砷镍矿

砷镍矿是一种含镍的砷化物。它很少会形成晶体，只偶尔生成小锥状晶体，一般为块状、肾状和柱状集合体。浅红灰色，然后会褪色成铜红色，再渐渐变成黑色，条痕为灰黑色。不透明，不发光，具有金属光泽。

成因：砷镍矿形成于热液矿脉中，与红砷镍矿、辉砷钴矿等矿物共生。

鉴定特征：砷镍矿溶于硝酸，且溶液会变成绿色。它还易熔，加热后会释放出带大蒜味的气体。

很少会形成晶体，只偶尔生成小锥状晶体，一般为块状、肾状和柱状集合体

不透明，不发光，具有金属光泽

比重：7.7~7.8	解理：无	断口：参差状

类别：硫化物　成分：Bi_2S_3　硬度：2.0~2.5

辉铋矿

辉铋矿分布非常广，一般产于其他金属矿床中，极少形成独立矿床，且易风化。晶体呈长柱状或针状，集合体则呈放射柱状或致密粒状。颜色为锡白色微带铅灰色，具有金属光泽。可以用来提炼铋。

成因：辉铋矿主要产于高温热液钨锡矿床中，与黑钨矿、辉钼矿、黄玉、毒砂等共生，但在中温热液矿床和接触交代矿床中也有产出。

鉴定特征：辉铋矿溶于硝酸，并会在表面留下片状的硫颗粒。

晶体呈长柱状或针状，集合体呈放射柱状或致密粒状

颜色为微带铅灰色的锡白色

比重：6.8	解理：完全	断口：参差状

类别：硫化物　**成分：**PbS　**硬度：**2.5

方铅矿

方铅矿属于硫化铅，分布较广。晶形呈立方体，集合体通常呈粒状或致密块状。颜色为铅灰色，条痕为灰黑色。不透明，具有金属光泽。不仅可以用来提炼铅，由于它还含有银，因此也可用来提炼银。

成因：方铅矿主要形成于中温热液矿床中，常与磁铁矿、黄铁矿、磁黄铁矿、黄铜矿、闪锌矿等共生。它如果形成于氧化带中，易转变为铅矾、白铅矿等。

鉴定特征：方铅矿溶于硫酸，并会产生带臭鸡蛋味的硫化氢。

晶形呈立方体，集合体通常呈粒状或致密块状

颜色为铅灰色，条痕为灰黑色

不透明，具有金属光泽

比重：7.58	解理：完全	断口：亚贝壳状

类别：硫化物　**成分：**HgS　**硬度：**2.0~2.5

辰砂

辰砂含汞86.2%，属于硫化汞矿物，可以用来提炼汞。晶体呈板状或菱面体状，集合体则呈不规则的粒状、致密块状或土状。不含杂质者为朱红色，金刚光泽；含杂质者为褐红色，光泽暗淡；条痕为红色。透明至半透明。辰砂经久不褪，可作颜料。

成因：辰砂形成于低温热液矿床中，常与石英、雄黄、雌黄、方解石、辉锑矿、黄铁矿等共生。此外，它还可由黑黝铜矿分解形成，主要产于氧化带下部。

鉴定特征：辰砂溶于盐酸，并会产生带臭鸡蛋味的硫化氢。

含杂质者为褐红色，光泽暗淡

晶体呈板状或菱面体状，集合体则呈不规则的粒状、致密块状或土状

不含杂质者为朱红色，金刚光泽

比重：8.0~8.2	解理：完全	断口：贝壳状至参差状

闪锌矿

闪锌矿含锌 67.1%，是含锌的硫化物，可以用来提炼锌。不含杂质的闪锌矿近于无色，但它通常会随含铁量的不同而呈浅黄色、黄褐色、棕色甚至黑色。透明度由透明、半透明至不透明，光泽则由金刚光泽、树脂光泽变至半金属光泽。晶体呈四面体或菱形十二面体，集合体则通常呈粒状。

成因：闪锌矿分布较广，主要形成于接触矽卡岩型矿床和中低温热液矿床，与方铅矿共生。

鉴定特征：纯闪锌矿，不熔，但随含铁量的不断增加，熔点则慢慢降低。

透明度由透明、半透明至不透明

不含杂质的闪锌矿近于无色，但它通常会随含铁量的不同而呈浅黄色、黄褐色、棕色甚至黑色

晶体形态呈四面体或菱形十二面体，集合体则通常呈粒状

光泽由金刚光泽、树脂光泽变至半金属光泽

比重：3.9~4.1	解理：完全	断口：贝壳状

辉锑矿

辉锑矿含锑 71.69%，属于含锑硫化物，可以用来提炼锑。它的晶体比较常见，多为单晶，呈锥面的长柱状或针状，集合体则呈块状、柱状、针状、粒状或放射状。颜色为铅灰色，条痕为黑灰色。有金属光泽，但不透明，也不发光。

成因： 辉锑矿分布较广，主要产于中低温热液矿床中，一般集中分布在石英矿脉或碳酸盐矿层中，常与黄铁矿、雌黄、雄黄、辰砂、方解石、石英等共生。

鉴定特征： 辉锑矿溶于盐酸，且易熔。

晶体多为单晶，呈锥面的长柱状或针状

颜色为铅灰色，条痕为黑灰色

集合体呈块状、柱状、针状、粒状或放射状

比重：4.63~4.66	解理：完全	断口：参差状至亚贝壳状

类别： 硫化物　**成分：** Cu_5FeS_4　**硬度：** 3.0

斑铜矿

斑铜矿含铜量为63.3%，属于铜铁硫化物，可以用来提炼铜。新鲜面呈暗铜红色，氧化后则呈蓝紫斑状的锖色，条痕为灰黑色。集合体常呈致密块状或分散粒状。具有金属光泽，但不透明。

成因： 斑铜矿产于铜矿床中，常与黄铜矿、黄铁矿、方铅矿、黝铜矿、硫砷铜矿、辉铜矿等共生，有时也与辉钼矿、自然金等共生，在某些夕卡岩矿床中，还与铜硫化物等共生。

鉴定特征： 斑铜矿溶于硝酸。

具有金属光泽，但不透明

集合体常呈致密块状或分散粒状

新鲜面呈暗铜红色，氧化后则呈蓝紫斑状的锖色，条痕为灰黑色

比重：5.0~5.1	解理：不清楚	断口：参差状至贝壳状

类别： 硫化物　**成分：** $CuFeS_2$　**硬度：** 3.5~4.0

黄铜矿

黄铜矿属于铜铁硫化物，可以用来提炼铜。晶体呈四面体状，但比较少见，集合体则多呈不规则的粒状、致密块状、肾状及葡萄状。颜色为黄色至黄褐色，表面常呈蓝色、紫褐色的斑状锖色，条痕则为微带绿的黑色。具有金属光泽，但不透明。

成因： 黄铜矿比较常见，虽然它可在任何环境下形成，但主要在热液作用和接触交代作用下形成。

鉴定特征： 黄铜矿溶于硝酸；易熔，燃烧时，火焰呈绿色。

晶体呈四面体状，但比较少见，集合体则呈不规则的粒状、致密块状、肾状及葡萄状

颜色为黄色至黄褐色，表面常呈蓝、紫褐色的斑状锖色，条痕则为微带绿的黑色

具有金属光泽，但不透明

比重：4.3~4.4	解理：不清楚	断口：参差状至贝壳状

类别：硫化物　**成分：**Cu_2S　**硬度：**2.5~3.0

辉铜矿

辉铜矿是一种次生矿物，主要由原生硫化物经氧化分解、再经还原作用形成。它的含铜量较高，可以用来提炼铜。新鲜面为铅灰色，风化后则为黑色，表面还常带锖色，条痕为暗灰色。具有金属光泽，但不透明，不发光。它还略具延展性，小刀刻画不会产生粉末，而会留下光亮的刻痕。

成因：辉铜矿主要见于热液成因的铜矿床中，常与斑铜矿共生，还有少数则见于含铜硫化物矿床的氧化带下部。

鉴定特征：辉铜矿溶于硝酸；易熔，燃烧时，火焰呈绿色，并释放出二氧化硫气体。

具有金属光泽，但不透明，不发光

略具延展性，小刀刻画不会产生粉末，而会留下光亮的刻痕

新鲜面为铅灰色，风化后则为黑色，表面常带锖色，条痕为暗灰色

比重：5.5~5.8	解理：不清楚	断口：贝壳状

类别：硫化物　成分：CuS　硬度：1.5~2.0

铜蓝

铜蓝的主要成分是硫化铜，其中，含铜量为66%，可以用来提炼铜。颜色为靛蓝色。晶体呈六方板状或片状，但极为少见，集合体则通常呈细薄的片状、被膜状或烟灰状。具有金属光泽，但不透明，裂开之后，完全解理成柔软的薄片。

➲ 成因：铜蓝主要产于含铜硫化物矿床中，常与辉铜矿伴生。此外，也有少数由热液作用形成，但极为稀少。

➲ 鉴定特征：铜蓝溶于烟酸，且易熔，火焰呈蓝色。

颜色为靛蓝色，常带紫色晕彩，条痕从深灰色到黑色

晶体呈六方板状或片状，但极为少见，集合体则通常呈细薄片状、被膜状或烟灰状

具有金属光泽，但不透明

比重：5.5~5.8	解理：完全	断口：参差状

类别：硫化物　成分：As_2S_3　硬度：1.5~2.0

雌黄

雌黄主要由三硫化二砷构成，三硫化二砷有剧毒。晶体呈短柱状或板状，集合体呈粒状、片状、梳状及土状等。颜色为柠檬黄色，有时也杂有灰绿色，表面常覆一层黄色粉末，条痕为柠檬黄色；微有光泽，金刚光泽至油脂光泽，断面则呈树脂光泽；半透明至不透明。质地较软，用指甲即可刻画成痕。

成因：雌黄形成于低温热液矿床和硫质火山喷气孔内，与雄黄共生，但也有一些雌黄形成于温泉周围沉积的皮壳内。

鉴定特征：雌黄不溶于水和盐酸；溶于硝酸，有黄色溶液；溶于氢氧化钠，有棕色溶液。易熔，燃烧后的液体呈红黑色，生黄白色烟，还会散发出强烈的大蒜味，冷却后的熔融物则凝结成红黑色固体。

比重：3.4~3.5　解理：完全　断口：参差状

雄黄

雄黄主要由四硫化四砷构成。单晶体较少见，一般呈柱状或针状，集合体则通常呈致密粒状或土状。颜色为橘红色、橘黄色或橙黄色，条痕为浅橘红色。透明到半透明。

成因： 雄黄主要产于低温热液矿床中，常与雌黄、辉锑矿、辰砂共生；也产于温泉沉积物和硫质火山喷气孔内，常与雌黄共生。

鉴定特征： 雄黄燃烧后会产生三氧化二砷白烟，并发出大蒜味。不溶于水和盐酸；溶于硝酸，有黄色溶液。

比重：3.56	解理：良好	断口：贝壳状

类别： 硫化物　**成分：** FeS_2　**硬度：** 6.0~6.5

黄铁矿

黄铁矿外表与黄金相似，因此，又被称为作“愚人金”。它属于含铁硫化物，此外，还含有微量的钴、镍、铜、金、硒等元素。颜色为浅黄铜色，表面则常为黄褐色锖色，条痕为绿黑色或褐黑色。具有强金属光泽，但不透明。

成因： 黄铁矿是岩浆岩、沉积岩和变质岩中一种常见的矿物。

鉴定特征： 黄铁矿易熔化。

颜色为浅黄铜色，表面常为黄褐色锖色

具有强金属光泽，但不透明

晶体呈块状或粒状，集合体则常呈致密块状

比重： 5.0　**解理：** 不清楚　**断口：** 贝壳状至参差状

类别：硫化物　　成分：FeS　　硬度：3.5~4.5

磁黄铁矿

磁黄铁矿是一种含铁的硫化物，含硫量高达40%，可以用来制作硫酸。有时它的镍含量也很高，也可以用来提炼镍。它在地表易风化，风化后则变为褐铁矿。

成因：磁黄铁矿广泛产于内生矿床中，尤其是基性、超基性岩的硫化物矿床中。在含铜镍的硫化物矿床中，与镍黄铁矿、黄铜矿共生。在接触变质矿床中，与黄铜矿、黄铁矿、磁铁矿、毒砂等共生。在热液矿床中，与黑钨矿、辉铋矿、方铅矿、黄铜矿等共生。

鉴定特征：磁黄铁矿具有强磁性。

单晶体较少见，呈六方板状或柱状，集合体则通常呈致密块状

晶面上有横向条纹

颜色为暗青铜黄色略带红色，金属光泽

比重：4.53~4.77　　解理：不完全　　断口：亚贝壳状至参差状

类别：硫化物　**成分：**CoAsS　**硬度：**5.0~6.0

辉砷钴矿

辉砷钴矿属于含钴的硫砷化物，可以用来提炼钴。颜色为锡白色略带红色，条痕为灰黑色。金属光泽。晶体呈八面体、立方体、五角十二面体或聚形，集合体则呈粒状或致密块状。它也是制作高温运转装置的原材料。

成因：辉砷钴矿产生于接触交代矿床和含钴的热液矿脉中，如果暴露在地表，易氧化成玫瑰色的钴华。

鉴定特征：辉砷钴矿易熔，熔化后并会形成略带磁性的小珠粒。此外，它还溶于硝酸。

晶体呈八面体、立方体、五角十二面体或聚形，集合体则呈粒状或致密块状

颜色为锡白色略带红色，条痕为灰黑色

金属光泽

比重：6.0~6.5	解理：完全	断口：贝壳状至参差状

白铁矿

白铁矿是一种含铁硫化物。新鲜面为锡白色，氧化后则呈浅黄铜色略带浅灰色或浅绿色调，条痕呈暗灰绿色。晶体呈平行板状或双锥状，集合体则呈结核状、球状、钟乳状、皮壳状、鸡冠状或束状等。不透明，具有金属光泽。

成因： 白铁矿常形成于页岩、黏土岩、石灰岩和白垩的酸性溶液渗透层，但它在自然界的分布远较黄铁矿少，且不聚积。

鉴定特征： 白铁矿暴露在空气中易分解，且不溶于硝酸。

颜色为浅黄铜色略带浅灰色或浅绿色调

不透明，具有金属光泽

晶体呈平行板状或双锥状，集合体则呈结核状、球状、钟乳状、皮壳状、鸡冠状或束状等

比重：4.8~4.9	解理：不完全	断口：参差状

类别：硫化物　**成分：**（Fe，Ni）$_9S_8$　**硬度：**3.0~4.0

镍黄铁矿

镍黄铁矿属于含镍、铁的硫化物，主要用来提炼镍。颜色为古铜黄色，比磁黄铁矿的颜色稍浅，条痕为带绿黑色或亮青铜褐色。集合体常呈细粒状。不透明，具有金属光泽。

成因：镍黄铁矿主要产于基性岩的铜镍硫化物矿床中，共生矿物有磁黄铁矿、黄铜矿，有时也见于超基性岩的铬铁矿中。

鉴定特征：镍黄铁矿无磁性，且极易熔化，熔化后会产生浅灰色的小珠。

比重：4.6~5.0	解理：完全	断口：贝壳状

辉钼矿

辉钼矿是硫化物矿物的一种。它含钼量为59.94%，主要用来提炼钼。此外，它也是自然界中含铼最高的矿物，还可以用来提炼铼。颜色为铅灰色，条痕为亮灰色。具有强金属光泽，但不透明，不发光。晶体呈六方板状，集合体则常呈片状、鳞状或细小的分散粒状。

成因： 辉钼矿分布较广，主要产于高、中温热液矿床及夕卡岩矿床中，或与锡石、黑钨矿、辉铋矿、毒砂等共生，或与红榴石、透辉石、绿帘石、白钨矿等共生。

鉴定特征： 辉钼矿在空气中燃烧或在硝酸中加热，可得到三氧化钼。

颜色为铅灰色，条痕为亮灰色

晶体呈六方板状，集合体则常呈片状、鳞片状或细小的分散粒状

具有强金属光泽，但不透明，不发光

比重：4.62~5.06	解理：完全	断口：参差状

类别：硫化物　成分：FeAsS　硬度：5.5~6.0

毒砂

毒砂，又称砷黄铁矿，属于含铁砷的硫化物，含砷量为46.01%，可以用来提炼砷和制取各种砷化物。晶体呈柱状，集合体呈粒状或致密块状。颜色为锡白色至钢灰色，条痕为灰黑色。不透明，有金属光泽。

成因：毒砂分布较广，一般产于高温热液矿床、伟晶岩及交代矿床中，在钨锡矿脉中与黑钨矿、锡石共生。

鉴定特征：毒砂用锤击打或加热，会发出大蒜味。

比重：5.9~6.2	解理：不清楚	断口：锯齿状

黝铜矿

黝铜矿是硫盐矿物的一种，主要含铜、铁、锌和银等矿物元素，可以用来提炼铜和银。颜色为钢灰色至铁黑色，具有金属光泽。集合体通常呈致密块状或粒状。它虽然分布广泛，但数量并不多，通常与伴生的其他铜矿物一起被利用。

成因：黝铜矿产于热液矿床中，与硫化物、碳酸盐、石英、萤石和重晶石等共生。

鉴定特征：黝铜矿溶于硝酸。

颜色为钢灰色至铁黑色

集合体通常呈致密块状或粒状

具有金属光泽

比重：4.6~5.1 | **解理：**无 | **断口：**参差状至亚贝壳状

类别： 硫盐矿物　**成分：** $CuPbSbS_3$　**硬度：** 2.5~3.0

车轮矿

车轮矿是硫盐矿物的一种，常含微量的砷、铁、银、锌、锰等矿物元素。晶体呈短柱状和板状，常呈双晶状，并形似车轮，集合体则呈块状、粒状和致密块状。颜色为钢灰色至黑色，条痕为深灰色或黑色。不透明，具有金属光泽。

成因： 车轮矿主要产于中低温热液矿床中，常与黝铜矿、方铅矿、黄铜矿、菱铁矿、石英、闪锌矿和辉锑矿等共生。

鉴定特征： 车轮矿加热易熔化；此外，还易溶于硫酸，并产生绿色溶液。

晶体呈短柱状和板状，常呈双晶状，形似车轮，集合体则呈块状、粒状和致密块状

颜色为钢灰色至黑色

不透明，具有金属光泽

比重： 5.7~5.9　**解理：** 不完全　**断口：** 亚贝壳状至锯齿状

类别： 硫盐矿物　**成分：** $Pb_5Sb_4S_{11}$　**硬度：** 2.5~3.0

硫锑铅矿

硫锑铅矿的晶体呈长柱状，有时也呈针状，集合体通常呈块状、纤维状或羽毛状。颜色为铅灰色至蓝灰色，条痕为灰黑色微带棕色。不透明，具有金属光泽或无光泽。

成因： 硫锑铅矿常见于铅锌热液矿床和锡石硫化物矿床中，与方铅矿、黄铁矿、闪锌矿等共生。

鉴定特征： 硫锑铅矿加热后极易熔化。此外，还能溶于热强酸，但与冷稀酸不发生反应。

晶体呈长柱状，有时也呈针状，集合体通常呈块状、纤维状或羽毛状

颜色为铅灰色至蓝灰色，条痕为灰黑色微带棕色

不透明，具有金属光泽或无光泽

比重：5.8~6.2	解理：良好	断口：参差状

类别： 硫盐矿物　**成分：** Ag_3SbS_3　**硬度：** 2.0~2.5

深红银矿

深红银矿是银矿的一种。晶体呈短柱状，集合体呈致密块状或粒状。颜色为深红色、黑红色或暗灰色，条痕为暗红色。半透明，具有金刚光泽至半金属光泽。

成因： 深红银矿常见于中低温铅锌矿床中，与银矿物以及黄铁矿、方铅矿、石英、白云石和方解石等共生。

鉴定特征： 深红银矿溶于硝酸，还易熔。

晶体呈短柱状，集合体呈致密块状或粒状

半透明，具有金刚光泽至半金属光泽

颜色为深红色、黑红色或暗灰色

比重：5.8~5.9	解理：完全	断口：贝壳状到参差状

类别：硫盐矿物 **成分：**Ag_3AsS_3 **硬度：**2.0~2.5

淡红银矿

淡红银矿是银矿的一种，又名硫砷银矿。晶体呈柱状、菱面体和偏三角面体，且两端不对称，集合体通常呈块状或致密状。新鲜面为鲜红色，氧化后则常呈暗黑色，条痕呈砖红色，并且在光线下颜色会变暗。半透明到不透明，具有金刚光泽到半金属光泽。

成因：淡红银矿形成于低温热液中，与黝铜矿、砷黝铜矿、方铅矿、石英、方解石等共生。

鉴定特征：淡红银矿溶于硝酸，又易熔。

比重：5.57~5.64	**解理：**清楚菱面体	**断口：**贝壳状至参差状

类别：氧化物 **成分：**MnO_2 **硬度：**2.0~6.5

软锰矿

软锰矿较为常见，含锰量为63.19%，可以用来提炼锰。它非常软，还不及人的指甲硬。颜色为浅灰色到黑色，具有金属光泽，易污手。晶体呈细柱状或针状，集合体则常呈块状、肾状、土状或放射纤维状。

成因：软锰矿常见于沼泽、湖海等沉积物中，与硬锰矿共生。

鉴定特征：软锰矿在加过氧化氢后会剧烈起泡，并释放出大量氧气；它能缓慢地溶于盐酸中，并释放氯气，同时使溶液变成淡绿色。

比重：5.06	**解理：**完全	**断口：**参差状

类别： 氧化物　**成分：** $MgAl_2O_4$　**硬度：** 7.5~8.0

尖晶石

尖晶石的主要成分是镁铝氧化物，此外，还含有镁、铁、锌、锰等其他矿物元素。集合体一般呈玻璃状八面体或颗粒状块体，有时也呈八面体与菱形十二面体、立方体的聚形。颜色有红色、橙红色、粉红色、紫红色、无色、黄色等。

成因： 尖晶石常出现在片岩、蛇纹岩、花岗伟晶岩和变质石灰岩等岩石中，而宝石级的尖晶石则多数出现在冲积扇中，与红宝石、蓝宝石等共生。

鉴定特征： 尖晶石溶于盐酸，但不产生气泡；不熔；具有荧光性。

颜色有红色、橙红色、粉红色、紫红、无色、黄色等

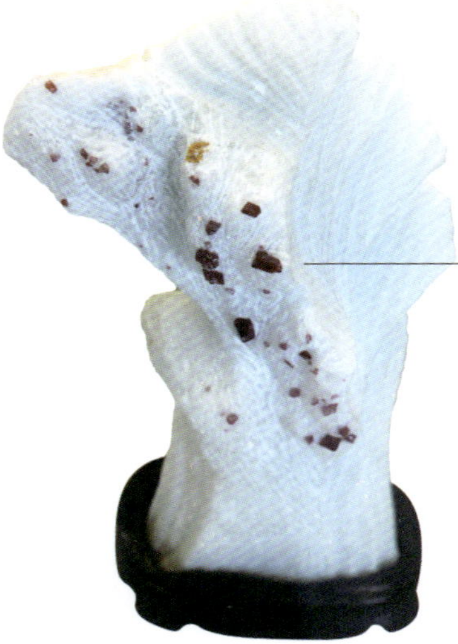

玻璃至亚金刚光泽，透明至半透明

集合体一般呈玻璃状八面体或颗粒块体，有时也呈八面体与菱形十二面体、立方体的聚形

比重： 3.5~4.1 | **解理：** 无 | **断口：** 贝壳状至参差状

锌铁尖晶石

锌铁尖晶石属于含锌、铁的尖晶石类。晶体呈八面体，棱线则为圆形；集合体常呈圆粒状或块状。颜色为铁黑色，条痕为红棕色至黑色。新鲜断面有金属光泽，但不透明。

成因：锌铁尖晶石见于某些接触交代型矿床中，形成于变质石灰岩和含白云石的锌矿床中，与红锌矿、硅锌矿、方解石、蔷薇辉石和石榴子石等共生。

鉴定特征：尖晶石微具磁性，但加热后则具有强磁性。它还溶于盐酸，但不产生气泡。

集合体常呈圆粒状或块状

颜色为铁黑色，条痕为棕红色至黑色

具有金属光泽，不透明

比重：5.07~5.22	解理：无	断口：参差状至亚贝壳状

类别： 氧化物　**成分：** Cu_2O　**硬度：** 3.5~4.0

赤铜矿

赤铜矿含铜量高达 88.8% 以上，可以用来提炼铜。它虽然比较软，但却很重。新鲜面为红色，氧化后则呈暗红色，条痕为深浅不一的棕红色。具有金刚光泽或半金属光泽。

成因： 赤铜矿主要产于铜矿床的氧化带中，常与自然铜、孔雀石、蓝铜矿、硅孔雀石、褐铁矿等共生。

鉴定特征： 赤铜矿溶于硝酸等酸性溶液；易熔，燃烧的火焰为绿色。

比重： 6.14	**解理：** 无	**断口：** 贝壳状至不规则状

铬铁矿

铬铁矿的主要成分为铁、镁和铬，是尖晶石的一种，质地坚硬。黑色，半金属光泽。集合体一般呈块状或粒状。它是唯一可开采的铬矿石，主要用来制造铬铁合金和金属铬，也用来制作高温耐火材料。

➲ 成因：铬铁矿常产于超基性或基性岩中，与橄榄石共生。此外，有时也见于砂矿中。

➲ 鉴定特征：铬铁矿具有弱磁性；不溶于任何酸性溶液；置于火焰上不熔。

黑色，条痕为棕色

质地坚硬，集合体一般呈块状或粒状

半金属光泽

比重：4.5~4.8	解理：无	断口：参差状

类别：氧化物　成分：Fe_3O_4　硬度：5.5~6.5

磁铁矿

磁铁矿为氧化物类矿物。晶体呈八面体或菱形十二面体，集合体则多为粒状或块状。铁黑色或暗蓝靛色，条痕为黑色。金属光泽或半金属光泽，不透明。它是磁性最强的矿物，物体能被它永久吸引，氧化后则变为赤铁矿或褐铁矿。

成因： 磁铁矿有多种成因，常产于岩浆岩、变质岩中，有时也产于海滨沙中。

鉴定特征： 磁铁矿具有强磁性，能吸起铁屑，并能使指南针偏转。

晶体呈八面体或菱形十二面体，集合体则多为粒状或块状

铁黑色或暗蓝靛色，条痕为黑色

金属光泽或半金属光泽，不透明

比重：5.2	解理：无	断口：亚贝壳状至参差状

钛铁矿

钛铁矿的主要成分是铁和钛的氧化物，又被称为钛磁铁矿，可以用来提取钛和制取二氧化钛。晶体常呈板状，集合体则呈不规则的粒状、鳞片状、板状或片状。颜色为钢灰色至铁黑色，条痕为钢灰色至黑色。当它外包有赤铁矿时，则呈褐色或褐红色。具有金属至半金属光泽，但不透明。

成因： 钛铁矿分布较广，主要出现在超基性岩、基性岩、碱性岩、酸性岩及变质岩中。

鉴定特征： 钛铁矿溶于氢氟酸和热盐酸；还能溶于磷酸，稀释冷却后，再加入过氧化钠或过氧化氢，溶液呈黄褐色或橙黄色。

晶体常呈板状，集合体则呈不规则的粒状、鳞片状、板状或片状

颜色为钢灰色至铁黑色，条痕为钢灰色至黑色。当它外包有赤铁矿时，则呈褐色或褐红色

具有金属至半金属光泽，但不透明

比重：4.72	解理：无	断口：贝壳状至参差状

类别： 氧化物　**成分：** Fe_2O_3　**硬度：** 5.0~6.0

赤铁矿

赤铁矿属于氧化铁。晶体呈板状，主要为板面与菱面体的聚形，集合体则通常呈片状、鳞片状、肾状、块状或土状等。颜色为红褐色、钢灰色或铁黑色等，还常带有淡蓝锖色，条痕则为暗红色或鲜红色。具有金属至半金属光泽，但有时也无光泽。

成因： 赤铁矿形成于热液作用或沉积作用。

鉴定特征： 赤铁矿无磁性，在加热后则有磁性。

晶体呈板状，主要为板面与菱面体的聚形，集合体则通常呈片状、鳞片状、肾状、块状或土状等

颜色为红褐色、钢灰色或铁黑色等，还常带有淡蓝锖色，条痕则为暗红色或鲜红色

具有金属至半金属光泽，但有时也无光泽

比重：5.26	解理：无	断口：参差状至贝壳状

类别：氧化物 **成分：**SnO_2 **硬度：**6.0~7.0

锡石

锡石是主要的锡矿物，可用来提炼锡。晶体呈柱状或双锥状，集合体则呈粒状或块状。不含杂质的锡石无色，含杂质的锡石则呈黄棕色至棕黑色，条痕为白色至浅褐色。具有金刚至亚金刚光泽，断口则为油脂光泽，不透明至透明。

成因：锡石主要产在花岗岩或围岩的热液矿脉中，在伟晶岩和花岗岩中也常有分布，其成因与后期热液活动有关。

鉴定特征：锡石无磁性，但锡石如果含铁量丰富则具有电磁性。

不含杂质的锡石无色，杂质的锡石呈黄棕色至棕黑色，条痕为白色至浅褐色

晶体呈柱状或双锥状，集合体则呈粒状或块状

具有金刚至亚金刚光泽，断口则为油脂光泽，不透明至透明

比重：7.0	**解理：**不清楚	**断口：**亚贝壳状至参差状

类别： 氧化物　**成分：** Al_2O_3　**硬度：** 9.0

刚玉

刚玉的主要成分是氧化铝，硬度只比金刚石稍逊，可作宝石。不含杂质的刚玉无色，但因含多种微量元素而呈多种颜色，它的颜色几乎涵盖了可见光谱中的所有颜色。透明至不透明，抛光面有亮玻璃光泽或亚金刚光泽。

成因： 刚玉形成于岩浆作用、接触变质作用及区域变质作用。

鉴定特征： 刚玉在紫外线照射下可发出荧光。

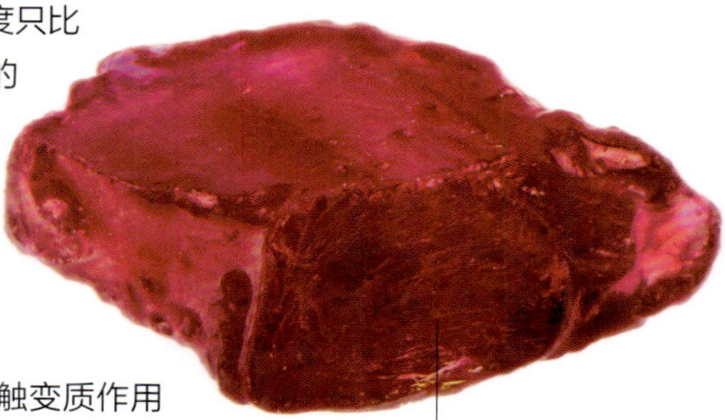

不含杂质的刚玉无色，但因含多种微量元素而呈多种颜色，它的颜色几乎涵盖了可见光谱中的所有颜色

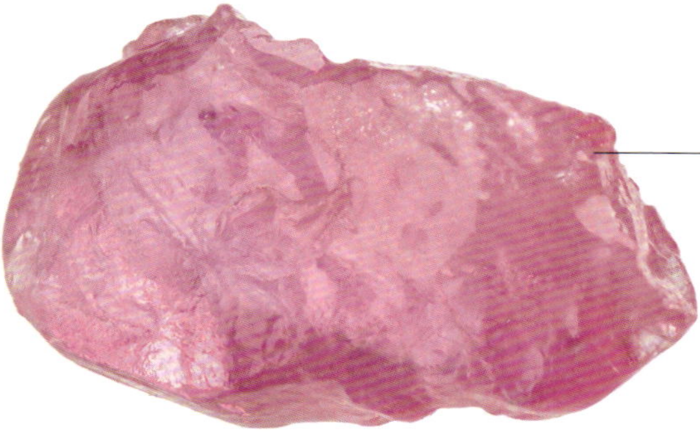

晶形常呈板状、柱状，集合体呈粒状、致密块状

透明至不透明，抛光面有亮玻璃光泽或亚金刚光泽

比重：4.0~4.1	解理：无	断口：贝壳状至参差状

红宝石

红宝石是刚玉的一种，也是一种重要的宝石。因其含有铬而呈各种不同的红色，其中，尤以血红色最为珍贵。晶体常呈柱状、板状等，集合体则多呈粒状或致密块状。透明至半透明，具有亮玻璃光泽至亚金刚光泽。

成因： 红宝石形成于岩浆岩或变质岩中。

鉴定特征： 红宝石的裂纹较发散；具有二色性，能从不同角度看其颜色变化；在紫外线下，具有弱红色荧光。

透明至半透明，具有亮玻璃光泽至亚金刚光泽

晶体常呈柱状、板状等，集合体则多呈粒状或致密块状

颜色为红色

比重：4.0~4.1	解理：无	断口：贝壳状至参差状

类别：氧化物　**成分**：Al_2O_3　**硬度**：9.0

蓝宝石

蓝宝石是刚玉的一种，也可作宝石。蓝宝石，不只有蓝色，它包括除红宝石外的所有颜色的刚玉，有粉色、黄色、紫色、灰色等。晶体常呈柱状、板状等，集合体则多呈粒状或致密块状。透明至半透明，具有玻璃光泽。

成因：蓝宝石形成于岩浆岩和变质岩中，有时也在沉积冲击矿床中出现。

鉴定特征：蓝宝石不溶于任何酸性溶液。

透明至半透明，具有玻璃光泽

晶体常呈柱状、板状等，集合体则多呈粒状或致密块状

颜色不均

比重：4.0~4.1　**解理**：无　**断口**：贝壳状至参差状

类别： 氧化物　**成分：** $CaTiO_3$　**硬度：** 5.5

钙钛矿

钙钛矿是氧化物的一种，适合大规模开发。晶体一般呈立方体或八面体。具有金刚光泽。颜色为褐色至灰黑色，条痕为白色至灰黄色。主要用来提取钛、铌以及稀土元素。

成因： 钙钛矿常见于碱性岩中，有时也在蚀变的辉石岩中出现，主要与钛磁铁矿共生。

鉴定特征： 钙钛矿只溶于热硫酸。

具有金刚光泽

晶体一般呈立方体或八面体

颜色为褐色至灰黑色，条痕为白色至灰黄色

比重：4.01	解理：不完全	断口：亚贝壳状至参差状

金红石

金红石的二氧化钛含量在 95% 以上，可以用来提炼钛，但在自然界中储量较少。晶体呈四方柱状或针状，集合体则呈粒状或致密块状。颜色为暗红色、褐红色、黄色或橘黄色等，如果含铁量丰富则呈黑色，条痕为浅棕色至浅黄色。具有半金属光泽至金属光泽，透明到不透明。

成因：金红石主要形成于石英脉和伟晶岩脉中，有时也作为副矿物出现在岩浆岩中，还可在片麻岩中以粒状出现。

鉴定特征：金红石溶于硅酸，如果加入过氧化氢，就会产生黄色溶液。此外，如果在金红石中加入碳酸钠，还可以烧熔。

晶体呈四方柱状或针状，集合体则呈粒状或致密块状

颜色为暗红色、褐红色、黄色或橘黄色等，如果含铁量丰富则呈黑色，条痕为浅棕色至浅黄色

具有半金属光泽至金属光泽，透明到不透明

比重：4.23	**解理：**清楚	**断口：**贝壳状至参差状

类别：氧化物　成分：UO_2　硬度：5.0~6.0

晶质铀矿

晶质铀矿是氧化物的一种。单晶体一般为立方体或八面体结构，但比较少出现；集合体则一般为块状、葡萄状或细粒状。颜色常为黑色，如果氧化程度较深，颜色则趋于暗棕色，条痕为棕黑色。具有半金属光泽，风化面则无光泽。它还含有少量的铅、镭和氦，因此，具有强放射性。

成因：晶质铀矿形成于高温热液矿脉中，主要产于花岗伟晶岩和正长伟晶岩中，与稀土、钍、铌、钽等共生。

鉴定特征：晶质铀矿不溶于盐酸，但在硝酸中会慢慢溶解。

比重：6.5~10.0　解理：不清楚　断口：贝壳状至参差状

类别：氧化物　成分：UO_2　硬度：5.0~6.0

沥青铀矿

沥青铀矿，又称非晶质铀矿，是晶质铀矿的变种。集合体呈肾状、钟乳状、葡萄状、鲕状和细脉状等。颜色为沥青黑色，条痕为黑色。具有树脂光泽或半金属光泽。沥青铀矿是一种具有开采价值的重要的铀矿，可以用来提取铀和镭元素。

成因：沥青铀矿主要产于中、低温热液矿床和沉积岩矿床中。

鉴定特征：沥青铀矿具有强放射性。

比重：6.5~10.0　解理：不清楚　断口：贝壳状至参差状

类别：氧化物　**成分：**SiO_2　**硬度：**7.0

石英

石英的主要成分为二氧化硅，分布较广。不含杂质的石英无色，但因通常含各种不同的微量元素而呈各种颜色，如粉色、黄色、绿色、紫色等，条痕则为白色。透明至半透明，具有玻璃光泽，断口则呈油脂光泽。

成因：石英能形成于岩浆岩、沉积岩和变质岩等各种环境中。

鉴定特征：石英只溶于氢氟酸中。

比重：2.65　**解理：**无　**断口：**贝壳状至参差状

类别：氧化物　成分：SiO_2　硬度：7.0

玉髓

玉髓，又名“石髓”，是石英的变种。晶体以乳房状或钟乳状产出，集合体常呈致密块状、放射状、纤维状、肾状、钟乳状、葡萄状等。具有蜡质光泽。颜色以无色至白色较普遍，也有极少数颜色鲜亮、质地通透的品种，如红、绿、蓝、紫等色。玉髓与玛瑙的区别：玛瑙是脱水二氧化硅的胶凝体；玉髓则是含水石英的隐性晶体。

➲ 成因：玉髓主要是由富含硅的溶液在低温条件下沉积而成。此外，蛋白石脱水后也可成玉髓。

➲ 鉴定特征：玉髓的比重较高。

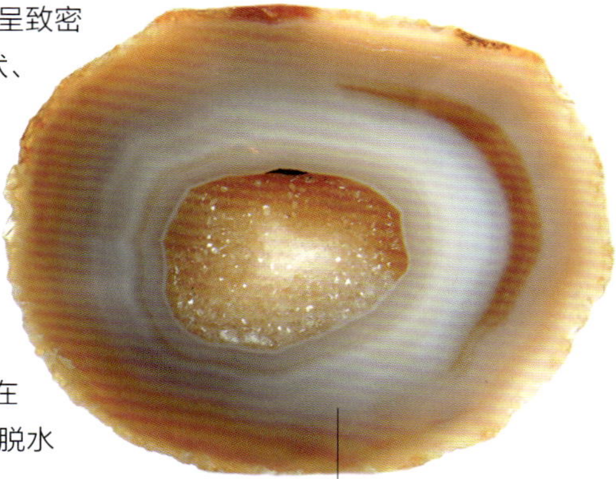

晶体以乳房状或钟乳状产出，集合体常呈致密块状、放射状、纤维状、肾状、钟乳状、葡萄状等

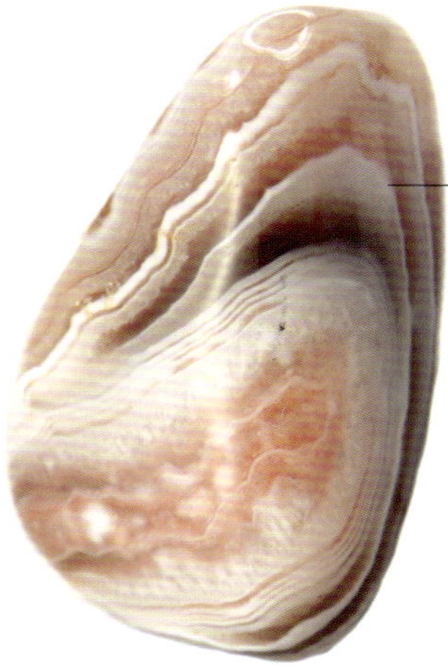

具有蜡质光

颜色以无色至白色较普遍，也有极少数颜色鲜亮、质地通透的品种，如红、绿、蓝、紫等色

比重：2.65	解理：无	断口：贝壳状

类别： 氧化物　**成分：** SiO_2nH_2O　**硬度：** 5.5~6.5

蛋白石

蛋白石的主要成分是二氧化硅，含水分5%~10%，为胶凝体。它是非晶质矿物，具有变彩效应。颜色一般为乳白色，但因含其他矿物元素而呈多种颜色，如黑色、浅黄色、橘红色等。集合体多呈致密块状、葡萄状、钟乳状、结核状等。半透明至微透明，具有玻璃光泽、珍珠光泽或油脂光泽。

成因： 蛋白石是在低温并富含硅质的水中慢慢沉积形成，它几乎可以在地质环境中生成，特别是在石灰岩、砂岩和玄武岩中经常出现。

鉴定特征： 蛋白石具有荧光性。它不溶于任何酸，但加热后会分解，并随着水分子的脱离而变成石英。

一般为乳白色，但因含其他矿物元素而呈黑色、浅黄色、橘红色等

集合体多呈致密块状、葡萄状、钟乳状、结核状等

半透明至微透明，具有玻璃光泽、珍珠光泽或油脂光泽

比重： 1.9~2.3　**解理：** 无　**断口：** 贝壳状

类别：氧化物　成分：SiO_2　硬度：7.0

紫水晶

紫水晶因含铁、锰等矿物元素而呈各种不同的紫色，其中，颜色越深越珍贵，而淡紫色则较为平常。晶体内部常出现不均匀的现象，可能会有裂缝、花絮或其他矿物质的包裹体等。它还具有二向色性，从不同角度看，可显示出蓝色或红色的紫色调。

成因： 紫水晶可以在任何地质环境中生成，而可作宝石的紫水晶则只产于火山岩、伟晶岩、石灰岩、页岩的晶洞中。

鉴定特征： 如果将紫水晶放在火焰上，晶体易碎裂。

它具有二向色性，从不同角度看，可显示出蓝色或红色的紫色调

因含铁、锰等矿物元素而呈各种不同的紫色

晶体内部常出现不均匀的现象，可能会有裂缝、花絮或其他矿物质的包裹体

比重：2.22~2.65	解理：无	断口：贝壳状

类别：氧化物　**成分：**SiO_2　**硬度：**7.0

烟水晶

烟水晶是一种比较珍贵的水晶，又被称为烟晶、茶晶或茶水晶。它属于固溶胶，结构为晶质体。因含辐射物质而呈烟灰色、烟黄色、黄褐色、褐色、黑色等，其中以颜色均匀、无杂质者为佳。

成因：烟水晶由于成分中 Al^{3+} 替换了 Si^{4+}，受辐射后产生（AlO_4）$^{4-}$ 色心。

鉴定特征：除了氢氟酸，不溶于任何物质。

比重：2.22~2.65	解理：无	断口：贝壳状

类别： 氧化物　**成分：** SiO_2　**硬度：** 7.0

水晶

水晶是一种石英结晶体矿物，属贵重矿石。单晶为六方锥体，集合体通常为块状或粒状。不含杂质的水晶为无色，但因含不同的微量元素而呈不同的颜色，如灰色、乳白色、紫色、黄色、茶色、粉色等。具有玻璃光泽，断口处为油脂光泽。

成因： 水晶可在各种地质环境中生成，但多存在地底下、岩洞中，由富含二氧化硅的地下水在 2~3 倍的气压和 550~600℃的高温下可自然形成。

鉴定特征： 将水晶放在火焰上，易碎裂。

单晶为六方锥体，集合体通常为块状或粒状

不含杂质的水晶为无色，但因含不同的微量元素而呈不同的颜色，如灰色、乳白色、紫色、黄色、茶色、粉色等

具有玻璃光泽，断口处为油脂光泽

比重：2.22~2.65	解理：无	断口：贝壳状

类别： 氧化物　**成分：** SiO_2　**硬度：** 7.0

发晶

发晶是晶体内部包含不同针状物质的天然水晶。它常含的物质有金红石、黑色电气石或阳起石等，含金红石的会形成钛晶、红发晶、银发晶、黄发晶，含黑色电气石的会形成黑发晶，含阳起石的则会形成绿发晶。晶体内部的发丝常呈束状、放射状或无规则分布。

成因： 发晶是水晶在液体状态时与其他矿物质结合而成。

鉴定特征： 发晶放在火焰上烤，易碎。

晶体内部的发丝常呈束状、放射状或无规则分布

含阳起石的会形成绿发晶

含黑色电气石的会形成黑发晶

比重：2.22~2.65	解理：无	断口：贝壳状

类别： 氧化物　**成分：** ZnO　**硬度：** 4.0~4.5

红锌矿

红锌矿主要根据其成分和颜色命名，是一种重要的锌矿。集合体呈致密的块状。颜色为橙黄色、暗红色或褐红色，条痕为橘黄色。具有金属光泽，透明或半透明。可用来提炼锌以及制造锌酚、氧化锌、氯化锌、硫酸锌、硝酸锌等锌制品。

成因： 红锌矿产于接触变质岩中，与硅锌矿、锌铁尖晶石、方解石、碱玄岩共生。

鉴定特征： 红锌矿溶于盐酸，但不产生气泡；具有荧光性；置于火焰上不熔。

比重：5.68	解理：完全	断口：贝壳状

类别： 氧化物　**成分：** SiO_2　**硬度：** 7.0

水晶晶簇

晶簇是由矿物单晶体组成的簇状集合体，一端固定在共同的基地岩石上，另一端则发育成良好的晶形，一般在岩石裂隙或洞穴中生成。由一种或多种矿物晶体组成，而水晶晶簇则是晶簇中的一种，由水晶组成。

成因： 水晶晶簇形成于岩浆岩、沉积岩和变质岩中二氧化硅聚集的地方。

鉴定特征： 水晶晶簇放在火焰上烤，易碎。

比重：2.22~2.65	解理：无	断口：参差状

类别：氧化物　**成分：**Fe_2O_3　**硬度：**5.5~6.0

镜铁矿

镜铁矿是赤铁矿的变种，属于氧化物矿物。它的颜色为红棕色，条痕为红色。不透明，金属至半金属光泽或无光泽。

成因：镜铁矿可在任何地质环境中形成。

鉴定特征：镜铁矿性脆，具有磁性，但不发光。

比重：5.0~5.3	解理：无	断口：贝壳状

类别：氧化物　**成分：**$(Fe, Mn)(Nb, Ta)_2O_6$　**硬度：**4.2

铌钽铁矿

铌钽铁矿属于氧化物矿物。晶体呈粒状、块状或放射状，集合体呈块状和放射状。颜色为铁黑色至褐黑色，条痕为暗红色至黑色。具有半金属至金属光泽，半透明至不透明。

成因：铌钽铁矿主要产于花岗伟晶岩及钠长石化或云英岩化花岗岩中，与石英、白云母、锂云母、绿柱石、黄玉、锆石、锡石、黑钨矿等共生。

鉴定特征：铌钽铁矿的密度较大，性脆，具有电磁性。

比重：5.37~7.85	解理：不完全	断口：参差状至次贝壳状

类别：氧化物　成分：SiO_2nH_2O　硬度：5.0~6.5

贵蛋白石

贵蛋白石，又名闪山云，是二氧化硅的水合物，主要由二氧化硅的胶体沉淀而成，非晶质结构。它的含水量并不固定，一般为3%~10%，但也有高达20%的。通常为蛋白色，但如果含有其他矿物质，则可以呈现其他颜色。具有玻璃光泽或蜡状光泽。

成因： 贵蛋白石是在低温条件下慢慢沉积而成，因此，它几乎可以在任何岩石中生成，不过在石灰岩、砂岩和玄武岩中尤为常见。

鉴定特征： 贵蛋白石不溶于任何酸性物质。

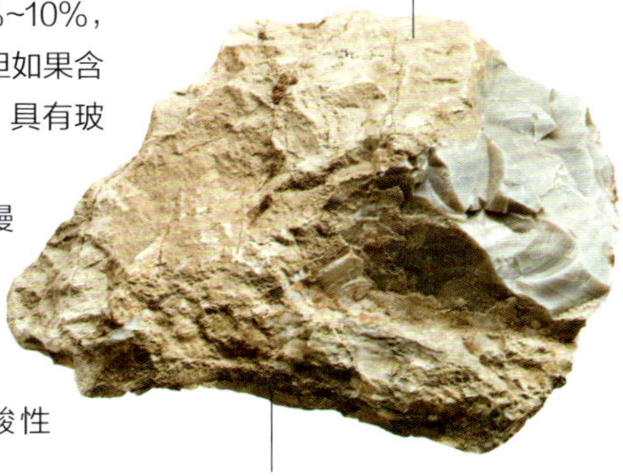

比重：1.9~2.5	解理：无	断口：贝壳状

类别：氧化物　成分：SiO_2　硬度：7.0

蔷薇石英

蔷薇石英是一种有着漂亮粉红色的石英，可称之为粉晶、玫瑰水晶、芙蓉石。透明或半透明，具有油脂光泽。它的粉红色外观来自于所含的微量锰元素和钛元素。切磨后，可产生“猫眼”或“星光”效应，如果透明度较高，还可产生强的透射星光。

成因： 蔷薇石英形成于岩浆岩、沉积岩和变质岩中。

鉴定特征： 蔷薇石英只溶于氢氟酸中。

比重：2.65	解理：无	断口：贝壳状

类别：氧化物　**成分：**SiO_2nH_2O　**硬度：**5.0~6.5

火蛋白石

火蛋白石是指颜色为橙黄色、橙红色和红色且无变彩效应的贵蛋白石。它几乎是全透明的，品质稍差的则有一点浑浊。大多没有虹彩现象，有少数在明亮的光线中也可看见。大颗粒、颜色鲜艳、透明度较好的火蛋白石是极具收藏价值的宝石，收藏家们视其为一种珍品。

成因：火蛋白石形成于低温富含硅质的水中。

鉴定特征：火蛋白石的密度非常低，用手掂量就有明显质轻的感觉。

颜色为橙黄色、橙红色和红色

几乎全透明，品质稍差的则有一点混浊

比重：1.9~2.5	解理：无	断口：贝壳状

类别：氧化物　成分：SiO_2　硬度：7.0

乳石英

乳石英是石英的一种。颜色为乳白色，这主要是由内部所含细小分散的气态或液态包裹体所致。玻璃光泽。晶体为粒状，集合体为块状。

成因：乳石英见于各种石英脉和石英岩中。

鉴定特征：乳石英只溶于氢氟酸。

比重：2.65　解理：无　断口：贝壳状至参差状

类别：氧化物　成分：SiO_2　硬度：7.0

虎眼石

虎眼石，也称虎睛石，是石英的一种。它是自然界的石棉被二氧化碳硅胶凝体强烈交代和胶结后形成。一般为黑黄相间的色调，如老虎的眼睛。晶质集合体，常呈纤维状结构。不透明，具有绢丝光泽，抛光面为蜡状光泽，断口为玻璃至丝绢光泽。

成因：虎眼石主要产于气成热液型矿床和伟晶岩岩脉中。

鉴定特征：虎眼石具有猫眼效应。

比重：2.65　解理：无　断口：贝壳状至参差状

类别：氧化物　**成分：**SiO_2　**硬度：**7.0~7.5

玛瑙

玛瑙，也称作码磁、马瑙、马脑等。它有乳房状、葡萄状、结核状等多种构造，但最为常见的则是同心圆构造。它的颜色由所含杂质决定，以白色、灰色、棕色和红棕色最常见，黑色、蓝色也常有，条痕为白色或近似白色。有的表面平坦光滑，呈玻璃光泽；有的则凹凸不平，呈蜡状光泽；半透明至透明。

成因：玛瑙是二氧化硅溶液凝结成的硅胶。

鉴定特征：玛瑙体轻、质脆，易碎；具有锋利的棱角，可刻划玻璃，并留下划痕；可迅速摩擦，但不易生热。

有乳房状、葡萄状、结核状等多种构造，但以同心圆构造最为常见

颜色由所含杂质决定，以白色、灰色、棕色和红棕色为最常见，条痕为白色或近白色

玻璃光泽或蜡状光泽，半透明至透明

比重：2.65 | **解理：**无 | **断口：**贝壳状

类别： 氧化物　**成分：** Sb_2O_3　**硬度：** 2.5~3.0

锑华

锑华，俗称锑白，含锑量达 83.3%，是含锑矿物氧化后形成的次生矿物。晶体呈柱状，柱面有纵条纹，集合体呈树脂状。颜色以白色、黄色为主。金刚光泽，硬度很小，可用来制作颜料、药物等。

成因： 锑华是由锑矿氧化或分解而成，主要产于中、低温热液矿床中，常与辰砂、雄黄、雌黄共生。

鉴定特征： 锑华难溶于水，但可溶于盐酸和强碱。

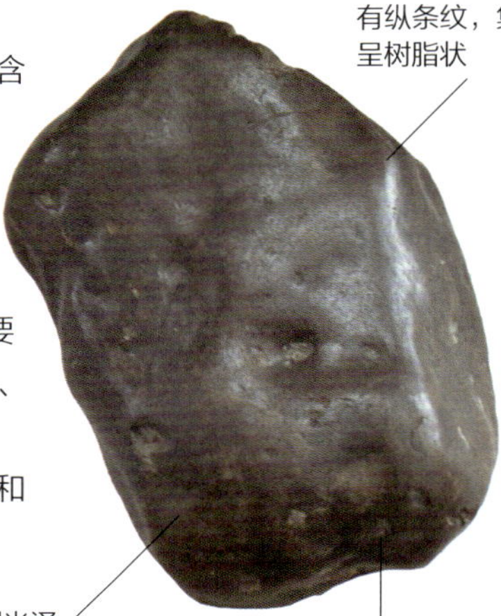

比重：4.6	解理：完全	断口：贝壳状

类别： 氧化物　**成分：** SiO_2　**硬度：** 7.0

压电石英

压电石英是石英的变种之一，指能制造石英钟、谐振器、振荡器、高频振荡器、滤波器等压电石英片的石英晶体。它必须是无色透明的，不含任何杂质，没有一点裂隙，并且不具有双晶。

成因： 压电石英常形成于岩浆岩、变质岩和沉积岩中。

鉴定特征： 压电石英只溶于氢氟酸中。

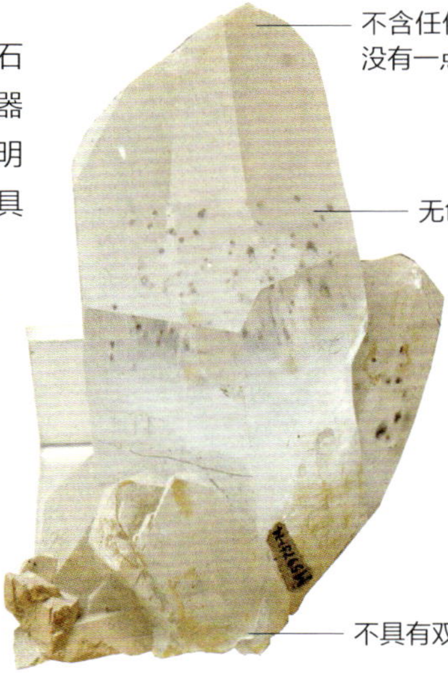

比重：2.65	解理：无	断口：贝壳状至参差状

类别： 氧化物　**成分：** SiO_2　**硬度：** 7.0

石英石

石英石是对含石英的板材的一种简称，石英含量高达 93% 以上。石英石板材有戈壁系列、水晶系列、麻石系列、闪星系列等，具有玻璃光泽。石英石的质量与树脂含量有直接关系，一般石英的含量越高，树脂含量越低，质量越好。可广泛应用于公共建筑和家庭装修领域。

成因： 石英石在岩浆侵入演化活动中，由于温度、压力等条件的改变，形成脉状石英岩矿体。

鉴定特征： 石英石具有强烈的压电性，即用力敲击摩擦会产生火花。

比重：2.65	解理：无	断口：贝壳状至参差状

类别： 氧化物　**成分：** Al_2O_3　**硬度：** 9.0

假蓝宝石

假蓝宝石与刚玉中的蓝色变种相似，均为浅蓝色或浅绿色，但假蓝宝石比蓝宝石的数量稀少。它与蓝宝石的区别在于：假蓝宝石常为二轴晶，且没有聚片双晶。

成因： 假蓝宝石形成于岩浆岩和变质岩中，也形成于沉积冲积矿床中。

鉴定特征： 假蓝宝石不溶于任何酸性物质。

比重：4.0~4.1	解理：无	断口：贝壳状至参差状

类别： 氧化物　**成分：** SiO_2　**硬度：** 7.0

水胆水晶

水胆水晶是指晶体内部的气泡能像液体般流动，这是由于水晶在形成过程中，二氧化硅的供应不充分，晶体中的空隙被水、气或其他微粒所填充。水胆水晶是水晶中的珍品，其中以带七彩的三相（气、液、固体）彩色水胆水晶最为珍贵。

成因： 水胆水晶多在地底下、岩洞中由富含二氧化硅的地下水形成。

鉴定特征： 将水胆水晶放在喷焰器的烈焰上加热，晶体容易碎裂。

比重：2.22~2.65	解理：无	断口：贝壳状

类别： 氧化物　**成分：** $Al_2(Si_4O_{10})(OH)_2$　**硬度：** 1.0~2.0

青田石

青田石因产于浙江青田县而得名，主要成分为叶蜡石。它是一种变质的中酸性火山岩，叫流纹质凝灰岩。颜色丰富，有青白色、浅黄色、灰白色、褐紫色等，但青色是它的基色。质地细密，为均质块状，有蜡质感。具有油脂或玻璃光泽，不透明或微透明。

成因： 青田石产于岩浆岩中，与刚玉、火铝石、红柱石、高岭石等共生。

鉴定特征： 青田石易裂，特别是在切磨、抛光或太阳暴晒后，极易出现裂纹。

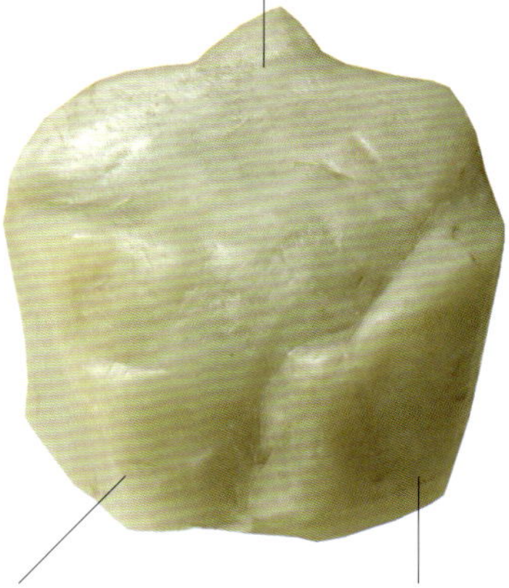

比重：2.66~2.90	解理：完全	断口：参差状

类别：氧化物　**成分：**（K，Na）（Na，Fe）$_2$（Li，Fe）$Si_{12}O_{30}$　**硬度：**5.5~6.5

苏纪石

苏纪石俗称舒俱来石，又名硅铁锂钠石、钠锂大隅石，主要成分为氧化硅。此外，还含有钾、钠、铁、锂等其他矿物元素。它有深蓝色、红紫色、蓝紫色、黄褐色、浅粉红色和黑色等，有时也呈现几种不同的色调。半透明到不透明，有玻璃光泽或树脂光泽。

成因：苏纪石产于霓石正长岩的小岩珠中。

鉴定特征：苏纪石具有荧光性。

比重：2.74	**解理：**无	**断口：**不平坦状

类别：氧化物　**成分：**$BaMn^{2+}Mn^{94+}O_{20}\cdot 3H_2O$　**硬度：**4.0~6.0

硬锰矿

硬锰矿是由钡和锰氧化而成，可用来提炼锰。颜色为深灰色至黑色，条痕为黑色。角砾状构造，表面光滑，集合体一般为葡萄状、钟乳状、肾状、皮壳状、致密块状、树脂状等。不透明，半金属光泽，有时也无光泽。

成因：硬锰矿是在地表下形成的次生矿物，见于锰矿床的氧化带。此外，还常见于沉积锰矿床中。

鉴定特征：硬锰矿性脆。

比重：4.71	**解理：**无	**断口：**参差状

类别： 氧化物　**成分：** Al_2O_3　**硬度：** 9.0

蓝刚玉

蓝刚玉是一种合成刚玉，也是刚玉的一种。它因含微量元素钛和铁而发蓝光。集合体呈致密块状和粒状。颜色有粉红色、黄色、绿色、白色等，甚至同一颗石上有多种颜色。半透明至透明。玻璃光泽至金刚光泽。

成因： 蓝刚玉在高温富铝缺硅的条件下产生，主要产于区域变质型、接触交代型、岩浆型、伟晶型等矿床中。

鉴定特征： 蓝刚玉酸碱稳定，火烧或蜡镶都不会变色。

比重： 4.0~4.1　**解理：** 无　**断口：** 贝壳状至参差状

类别： 氧化物　**成分：** 成分复杂　**硬度：** 5.0~6.0

易解石

易解石是一种稀有矿物，可以用来提炼钸、钇、铀、钍、铌、钽等。集合体为板状、柱状、块状或束状。颜色为褐色到黑色，有黑褐色、红褐色、棕褐色等。透明到半透明，具有树脂光泽或金刚光泽。此外，它还具有强放射性。

成因： 易解石产于花岗伟晶岩、碱性伟晶岩、霞石正长岩等碱性岩以及白云岩与花岗岩的接触带中，与锆石、黑帘石、黑稀金矿、烧绿石等共生。

鉴定特征： 易解石不溶于水，但溶于酸。

比重： 4.9~5.4　**解理：** 中等　**断口：** 不平坦状

类别： 氧化物 **成分：** $BeAl_2O_4$ **硬度：** 8.5

金绿宝石

金绿宝石，也称金绿玉，因颜色为黄色或黄绿色而得名，是一种珍贵的宝石。晶体常呈短柱状、板状，集合体呈厚板状。颜色呈深浅不同的绿色或黄色，有些还会在不同光源下发出不同颜色。透明至不透明，具有玻璃光泽至油脂光泽。

成因： 金绿宝石主要产于花岗伟晶岩、细晶岩和云母片岩中，也有少量碎屑见于沙砾层中。

鉴定特征： 金绿宝石在短波紫外线下，会发出绿黄色荧光，且遇酸也不侵蚀。

晶体常呈短柱状、板状，集合体呈厚板状

颜色呈深浅不同的绿色或黄色，有些还会在不同光源下发出不同颜色

透明至不透明，具有玻璃光泽至油脂光泽

比重： 3.63~3.83	**解理：** 清楚	**断口：** 贝壳状

类别：氧化物　**成分：**TiO_2　**硬度：**5.6~6.0

板钛矿

板钛矿是氧化物的一种，可以用来提炼钛。晶体呈板状、片状、柱状。颜色为不均匀的淡黄色、红褐色、淡红色、铁黑色等，条痕为无色、淡黄色、淡灰色、淡褐色等。透明或半透明，具有金刚光泽或半金属光泽。

成因：板钛矿主要产于区域变质岩的石英脉中，有时也产于接触变质岩石中。

鉴定特征：板钛矿不溶于任何酸性物质。

比重：4.1~4.2	解理：不完全	断口：参差状

类别：氧化物　**成分：**TiO_2　**硬度：**5.5~6.0

锐钛矿

锐钛矿的晶体呈锥状，晶面通常有条纹，但深色变质的晶体则呈板状。颜色为棕色、深蓝色或黑色，条痕为无色、白色或浅黄色。不透明至透明，具有金刚光泽至半金属光泽。

成因：锐钛矿形成于片岩和片麻岩等变质岩中，也作为副矿物形成于闪长岩和花岗岩等岩浆岩中。

鉴定特征：锐钛矿不溶于任何酸性物质。

比重：3.82~3.97	解理：完全	断口：亚贝壳状

类别：氢氧化物　**成分：**FeO（OH）　**硬度：**5.0~5.5

针铁矿

针铁矿有时会形成具有纵条纹的柱状晶体，集合体则常呈块状、葡萄状、钟乳状和土状。颜色为黑棕色，或从浅红色至黄棕色，条痕从橙色到浅棕色。不透明，晶面上呈金刚光泽，其他部分则暗淡无光。

➲ 成因：针铁矿形成于铁矿床氧化带。

➲ 鉴定特征：针铁矿在加热后会带有磁性。

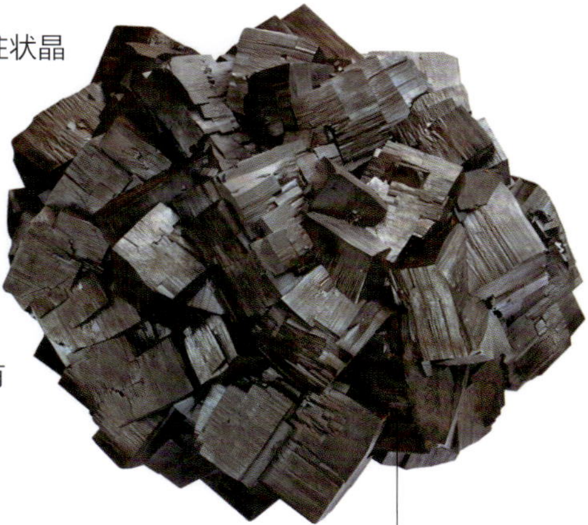

有时会形成具有纵条纹的柱状晶体，集合体则常呈块状、葡萄状、钟乳状和土状

颜色为黑棕色，或从浅红色至黄棕色

不透明，晶面上呈金刚光泽，其他部分则暗淡无光

比重：3.3~4.3	**解理：**完全	**断口：**贝壳状

褐铁矿

褐铁矿是针铁矿、水针铁矿的统称，其主要成分为含水氧化铁。它们大部分是隐晶质的针铁矿，其中还杂有纤铁矿、赤铁矿、石英、黏土等。颜色为各种褐色，条痕为黄褐色。半金属光泽。集合体一般为块状、钟乳状、葡萄状、疏松多孔状或粉末状，也常以结核状或黄铁矿晶体的假象出现。硬度因形态而异，无磁性。

成因： 褐铁矿是较为普遍的氧化物。

鉴定特征： 褐铁矿放在密封的试管内加热可释放出水分，并能在酸中慢慢溶解。

颜色为各种褐色，条痕为黄褐色

半金属光泽，硬度因形态而异，没有磁性

集合体一般为块状、钟乳状、葡萄状、疏松多孔状或粉末状，也常以结核状或黄铁矿晶体的假象出现

比重：2.7~4.3　解理：无　断口：参差状

类别： 氢氧化物　**成分：** FeO（OH）和 $Al_2O_32H_2O$　**硬度：** 1.0~3.0

铝土

铝土不是指某单一矿物，而是以能否应用于工业上为准，主要包括三水铝石、一水软铝石或一水硬铝石，其中三水铝石是其主要矿物。它的晶体一般呈假六方片状，并常呈双晶，集合体呈结核状、豆状、土状。颜色一般为白色，或因含杂质而呈淡红色至红色。透明至半透明，玻璃光泽，解理面则为珍珠光泽。

成因： 三水铝石主要是长石等含铝硅酸盐矿物经化学风化而成。

鉴定特征： 铝土带有湿黏土味，且不溶于任何酸性物质。

它的晶体一般呈细小的假六方片状，并常呈双晶，通常以结核状、豆状、土状集合体产出

颜色一般为白色，或因含杂质而呈淡红色至红色

透明至半透明，玻璃光泽

比重： 2.3~2.7　**解理：** 无　**断口：** 参差状

类别： 硅酸盐 **成分：** $ZrSiO_4$ **硬度：** 7.5~8.0

锆石

锆石属于硅酸盐矿物，可以用来提炼金属锆。晶体呈四方双锥状、柱状、板状，集合体则呈纤维状。颜色多样，有无色、紫红、金黄、淡黄、淡红等，但无色、蓝色和红色较常见。透明到半透明，玻璃光泽至金刚光泽，有时也呈油脂光泽。

成因： 锆石广泛存在于酸性岩浆岩中，也存在于变质岩和沉积岩中。

鉴定特征： 锆石具有放射性。

比重：4.6~4.7	解理：不完全	断口：参差状至贝壳状

类别： 氢氧化物 **成分：** $Mg(OH)_2$ **硬度：** 2.5

氢氧镁石

氢氧镁石，又称为水镁石。晶体呈宽阔的板状，集合体常呈块状、叶片状、纤维状和粒状等。颜色有白色、淡绿色、灰色、浅蓝色等，当它含锰时，则呈黄色到棕色。透明状，有玻璃光泽或珍珠光泽。

成因： 氢氧镁石形成于变质石灰岩、片麻岩和蛇纹岩中。

鉴定特征： 氢氧镁石溶于盐酸。

比重：2.38~2.40	解理：完全	断口：参差状

类别： 氢氧化物　**成分：** AlO（OH）　**硬度：** 6.5~7.0

硬水铝石

硬水铝石是铝的氢氧化物。晶体为板状、针状或片状，集合体为块状、叶片状、鳞状或钟乳状等。颜色一般为白色、灰色、无色，如果含杂质则呈红色、褐色等，条痕为白色。质地坚硬，透明到半透明，具有玻璃光泽，解理面呈珍珠光泽。可用作耐火材料，也可用来提炼铝。

成因： 硬水铝石形成于蚀变的岩浆岩和大理岩中，广泛分布于红土矿、铝土矿及铝质黏土中，与磁铁矿、尖晶石、白云石、绿泥石和刚玉等共生。

鉴定特征： 硬水铝石不溶于任何酸性物质。

晶体为板状、针状或片状，集合体为块状、叶片状、鳞状或钟乳状等

颜色一般为白色、灰色、无色，如果含杂质则呈红色、褐色等，条痕为白色

质地坚硬，透明到半透明，具有玻璃光泽，解理面呈珍珠光泽

比重：3.3~3.5	解理：无	断口：贝壳状

类别： 碳酸盐　**成分：** $CaCO_3$　**硬度：** 3.5~4.0

文石

文石是一种次生矿物，主要成分是霰石。晶体呈柱状、矛状、纤维状等，集合体常呈皮壳状、鲕状、豆状、粒状等。颜色呈白色、黄白色或无色，条痕为无色。玻璃光泽，断口为油脂光泽，透明。它的性质不稳定，易转变为方解石。

成因： 文石主要形成于外生作用，产生于蛇纹石化超基性岩风化壳及石灰岩洞穴中；还可形成于内生作用，产生于温泉沉积及火山岩的裂隙和气孔中；也可形成于生物作用，产于某些贝壳中。

鉴定特征： 文石溶于冷稀盐酸，并在紫外线下发出荧光。

比重：2.9~3.0	解理：清楚	断口：贝壳状

类别：碳酸盐　成分：$CaCo_3$　硬度：3.0

方解石

方解石属于碳酸钙矿物，分布很广。它是石灰岩和大理岩的主要成分，也是最重要的造岩矿物之一。集合体呈粒状、致密块状、钟乳状、结核状等。一般为白色或无色，但因含杂质而呈淡红色、淡黄色、玫红色、紫色等，条痕为白色。断口为玻璃光泽，透明至半透明。

- 成因：方解石形成于热液活动中。
- 鉴定特征：方解石遇稀盐酸会剧烈起泡。

比重：2.71	解理：完全	断口：亚贝壳状

类别：碳酸盐　**成分：**$CaMg(CO_3)_2$　**硬度：**3.5~4.0

白云石

白云石主要由碳酸钙与碳酸镁组成。晶体呈菱面体，晶面常呈马鞍状，集合体则通常呈粒状。一般为白色，如果含铁则呈灰色，风化后则呈褐色。此外，还有绿色、棕色、黑色、暗粉红色等。透明到半透明，具有玻璃光泽或珍珠光泽。

成因：白云石主要产于结晶石灰岩以及富含镁的变质岩中，部分产于热液矿脉和碳酸盐矿物的孔穴内，也偶尔会作为各种沉积岩的胶结物出现。

鉴定特征：白云石遇冷稀盐酸会起泡。

比重：2.85	解理：完全	断口：亚贝壳状

类别：碳酸盐　**成分：**$Ca(Fe,Mg,Mn)(CO_3)_2$　**硬度：**3.5~4.0

铁白云石

铁白云石是一种次生矿物，由碳酸钙以及铁、镁、锰组成。大多具有荧光性。晶体呈棱面体，集合体为块状和颗粒状。颜色通常为浅黄色，也有无色、白色、灰色和浅褐色等。

成因：铁白云石由石灰石和白云石在含镁溶液的作用下形成。

鉴定特征：铁白云石溶于盐酸。

比重：2.97	解理：完全	断口：亚贝壳状

类别：碳酸盐　**成分：**$FeCO_3$　**硬度：**4.0

菱铁矿

菱铁矿分布较广。晶体呈菱面体，集合体呈粒状、块状或结核状。颜色一般为灰白色或黄白色，风化后可变为褐色或褐黑色等。半透明，具有玻璃光泽、珍珠光泽或丝绢光泽。

成因：菱铁矿可在低氧条件下，利用生物作用形成于沉积岩中；还可形成于中、低温热液矿脉内；此外，还可在伟晶岩中出现。

鉴定特征：菱铁矿在加热后有磁性，并能在冷盐酸中缓慢溶解。

半透明，玻璃光泽、珍珠光泽或丝绢光泽

颜色一般为灰白色或黄白色，风化后可变为褐色或褐黑色等

晶体呈菱面体，集合体呈粒状、块状或结核状

比重：3.96	**解理：**完全	**断口：**参差状

菱镁矿

菱镁矿属于碳酸镁矿物，可以用来提炼镁。集合体常呈晶粒状或隐晶质致密块状，在风化带则常呈隐晶质瓷状。颜色为白色、灰白色，有时也带淡红色，如果含铁则呈黄色至褐色。有玻璃光泽。它既可以用来提炼镁，还可以作耐火材料。

➲ 成因：菱镁矿形成于 250~350℃的高温下，常与方解石、白云石、绿泥石、滑石等共生。

➲ 鉴定特征：菱镁矿加冷盐酸不起泡，加热盐酸则会剧烈起泡。

玻璃光泽

颜色为白色、灰白色，有时带淡红色，如果含铁则呈黄色至褐色

集合体常呈晶粒状或隐晶质致密块状，在风化带则常呈隐晶质瓷状

比重：3.0~3.1	解理：完全	断口：贝壳状至参差状

类别： 碳酸盐　**成分：** $BaCO_3$　**硬度：** 3.0~3.5

毒重石

毒重石是含钡的碳酸盐矿物。晶体通常为双面晶，常呈假六面体、双锥状，集合体则呈葡萄状、球状、柱状、粒状等。颜色为无色、灰色、白色、黄色、绿色等，条痕为白色。透明到半透明，玻璃光泽到松脂光泽。

成因： 毒重石形成于热液矿脉，常与石英、方解石和重晶石共生。

鉴定特征： 毒重石可溶于稀盐酸，会起泡。

比重：4.29	解理：清楚	断口：参差状

类别： 碳酸盐　**成分：** $SrCO_3$　**硬度：** 3.5

碳酸锶矿

碳酸锶矿为较少见的矿物。晶体为针状或柱状，集合体为粒状、柱状、放射状等。颜色为无色或白色，但因含杂质而呈灰、黄、绿或褐等色。透明至半透明，玻璃光泽，断口呈油脂光泽。

成因： 碳酸锶矿形成于中、低温热液中，产于石灰岩或泥灰岩中，与碳酸钡矿、重晶石、方解石、天青石、萤石及硫化物等共生。

鉴定特征： 碳酸锶矿易溶于稀氯化氢，会起泡。它还溶于稀盐酸，会起泡。它在阴极射线的照射下会发出弱浅蓝色光。

比重：3.78	解理：完全	断口：参差状

白铅矿

白铅矿是方铅矿氧化后的次生矿物，可用来提取铅或制作铅制品。晶体呈板柱状，集合体呈致密块状、钟乳状、皮壳状或土状等。颜色为白色或灰色，如果含铅，则呈灰色、浅绿色或蓝色等，条痕为白色。玻璃光泽至金刚光泽，断口呈油脂光泽，透明或半透明。

成因： 白铅矿形成于铅锌矿床或铅矿床的氧化带，与方解石、重晶石、方铅矿、铅钒、氯磷铅矿、钼铅矿等共生。

鉴定特征： 白铅矿溶于稀盐酸，并会产生二氧化碳气泡。此外，在阴极射线照射下，它还会发出浅蓝绿色的荧光。

晶体呈板柱状，集合体呈致密块状、钟乳状、皮壳状或土状等

颜色为白色或灰色，如果含铅，则呈灰色、浅绿色或蓝色等

透明或半透明

玻璃光泽至金刚光泽，断口呈油脂光泽

比重：6.55	解理：清楚	断口：贝壳状

孔雀石

孔雀石是一种玉石。晶体呈针状或柱状，集合体有同心层状、纤维状、钟乳状、葡萄状、皮壳状等。颜色为浓绿色，条痕为淡绿色。半透明到透明，呈玻璃光泽至金刚光泽，而其中特殊的纤维状块体则呈丝绢光泽。

成因： 孔雀石形成于铜矿床的氧化带中，常与蓝铜矿等共生。

鉴定特征： 孔雀石溶于稀盐酸。

半透明到透明

晶体呈针状或柱状，集合体有同心层状、纤维状、钟乳状、葡萄状、皮壳状等

呈玻璃光泽至金刚光泽

颜色为浓绿色，条痕为淡绿色

比重： 4.0	**解理：** 完全	**断口：** 亚贝壳状至参差状

类别：碳酸盐　**成分：**$Cu_3(CO_3)_2(OH)_2$　**硬度：**3.5~4.0

蓝铜矿

蓝铜矿，也被称为石青，是一种含铜的碳酸盐矿物，为碱性。晶体呈板状和短柱状，集合体呈块状、结核状、钟乳状和土状等。颜色通常为深蓝色，条痕为浅蓝色。透明到不透明，玻璃光泽。它可用来提炼铜，也可用作蓝色的颜料。如果颜色均匀、质地通透，还可制成工艺品。

成因：蓝铜矿形成于铜矿床的氧化带中。

鉴定特征：蓝铜矿溶于盐酸，会发泡。它还易熔，加热后会变黑。

晶体呈板状和短柱状，集合体呈块状、结核状、钟乳状和土状等

颜色通常为深蓝色，条痕为浅蓝色

透明到不透明，玻璃光泽

比重：3.77~3.78	解理：完全	断口：贝壳状

类别： 碳酸盐　**成分：** $(Zn, Cu)_5(CO_3)_2(OH)_6$　**硬度：** 1.0~2.0

绿铜锌矿

绿铜锌矿是一种碳酸盐矿物，由锌和铜的氢氧化物组成。晶体呈针状或细长板状，集合体为簇状、皮壳状、粒状、柱状和片状等。颜色为淡绿色、绿蓝色或天蓝色，条痕为浅蓝绿色。透明，丝绢或珍珠光泽。

成因： 绿铜锌矿形成于铜锌矿脉的氧化带中，常与蓝铜矿、孔雀石等铜矿物共生。

鉴定特征： 绿铜锌矿溶于稀盐酸，会发泡。此外，由于它含铜，因此在燃烧时火焰呈绿色。

颜色为淡绿色、绿蓝色或天蓝色，条痕为浅蓝绿色

晶体呈针状或细长板状，集合体为簇状、皮壳状、粒状、柱状和片状等

透明，丝绢或珍珠光泽

比重： 3.96	**解理：** 完全	**断口：** 参差状

■ 类别：碳酸盐　成分：$Na_3(CO_3)(HCO_3)\cdot 2H_2O$　硬度：2.5~3.0

天然碱

天然碱是水合的碳酸氢钠，主要聚集于碱湖和固体碱矿中。晶体呈柱状或板状，集合体呈块状、纤维状和柱状等。颜色为灰白色、淡绿色或浅棕色，条痕为白色。半透明至透明，玻璃光泽。它可用于制作食品和洗涤产品，也可用于工业生产。

➲ 成因：天然碱形成于蒸发岩矿床，与硼砂、钙芒硝、石盐、石膏、钾盐以及白云石等共生。

➲ 鉴定特征：天然碱溶于盐酸，会发泡。此外，如果在密封的试管内加热，天然碱还会释放出水分。

比重：2.1	解理：完全	断口：参差状

■ 类别：碳酸盐　成分：$Zn_5(CO_3)_2(OH)_6$　硬度：2.0~2.5

水锌矿

水锌矿，又称锌华。它很少形成晶体，如果有晶体形成，则会呈小而扁平的扁长板状，并且顶部会收束，集合体则呈块状、致密状、葡萄状、皮壳状和钟乳状。颜色为白色、浅灰色、黄色、粉红色或棕色，条痕为白色。半透明，珍珠或丝绢光泽。可用于炼锌及制备各种锌化合物。

➲ 成因：水锌矿形成于含锌矿脉的氧化带中。

➲ 鉴定特征：水锌矿溶于盐酸。如果加热，它会变成浅黄色的红锌矿。此外，它在紫外线的照射下还会发出蓝色的荧光。

比重：4.0	解理：完全	断口：参差状

类别：碳酸盐　**成分：**$MnCO_3$　**硬度：**3.5~4.0

菱锰矿

菱锰矿有时会形成菱面体、偏三角面体、柱状或斑状晶体，集合体则通常以块状、粒状、钟乳状、球状、结核状或葡萄状产出。颜色一般为粉红色至红色，也有棕色、橘黄色或浅黄色，条痕为白色。半透明至透明，具有玻璃光泽至珍珠光泽。

成因：菱锰矿形成于热液矿脉和蚀变的锰矿床中。

鉴定特征：菱锰矿能溶于温盐酸，并会产生气泡。

集合体通常以块状、粒状、钟乳状、球状、结核状或葡萄状产出

颜色一般为粉红色至红色，也有棕色、橘黄色或浅黄色，条痕为白色

半透明至透明，具有玻璃光泽至珍珠光泽

比重：3.7	**解理：**完全	**断口：**参差状

类别： 碳酸盐　**成分：** $ZnCO_3$　**硬度：** 4.0~4.5

菱锌矿

菱锌矿是一种碳酸盐矿物。晶体为菱面体或偏三角面体，集合体则为块状、葡萄状、粒状、钟乳状以及肾状等。颜色有白色、灰色、黄色、蓝色、绿色、粉红色及褐色等，条痕为白色。半透明至不透明，具有玻璃光泽或珍珠光泽。它除了可以提炼锌外，颜色均匀、半透明的绿色或绿蓝色菱锌矿，还可制作工艺品。

成因： 菱锌矿形成于铅锌矿床的氧化带中，属于次生矿物，由闪锌矿氧化分解而成，常与孔雀石、蓝铜矿、异极矿等共生。

鉴定特征： 菱锌矿溶于冷盐酸，并会产生气泡。

晶体为菱面体、偏三角面体，集合体则为块状、葡萄状、粒状、钟乳状、肾状等

颜色有白色、灰色、黄色、蓝色、绿色、粉红色及褐色等

半透明至不透明，具有玻璃光泽或珍珠光泽

比重： 4.30~4.45	**解理：** 完全	**断口：** 亚贝壳状至参差状

类别：硫酸盐　**成分：**$CaSO_4 \cdot 2H_2O$　**硬度：**2.0

石膏

石膏是硫酸钙的水合物，是一种用途很广的工业材料和建筑材料。晶体为板状，集合体通常呈致密块状或纤维状。颜色多变，从白色和无色到灰色、红色、褐色、浅绿色、浅黄色、浅棕色等，条痕为白色。玻璃光泽或丝绢光泽。

成因：石膏矿主要在化学沉积作用形成，常见于石灰岩、红色页岩、砂岩、泥灰岩及黏土岩中，常与硬石膏、石盐等共生。

鉴定特征：石膏溶于酸，但不起泡。

晶体为板状，集合体通常呈致密块状或纤维状

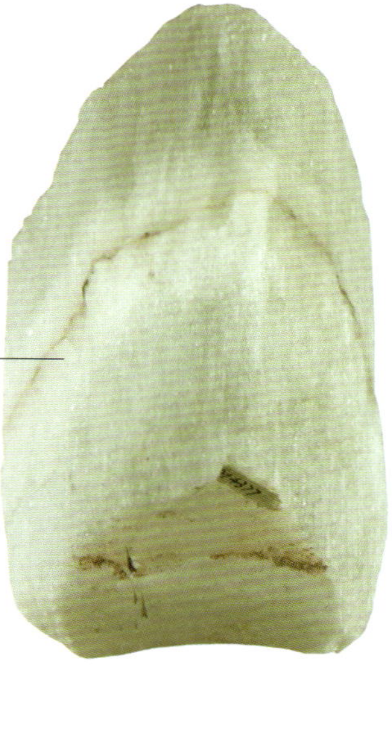

颜色多变，从白色和无色到灰色、红色、褐色、浅绿色、浅黄色、浅棕色等，条痕为白色

比重：2.32	解理：完全	断口：多片状

类别：硫酸盐　**成分：**$CaSO_4 \cdot 2H_2O$　**硬度：**1.5~2.0

透石膏

透石膏是一种石膏变种，属于含氧盐类。晶体为板状，集合体通常呈致密块状或纤维状。无色，条痕为白色。玻璃光泽，解理面有珍珠光泽，透明。

成因：透石膏主要在化学沉积作用下形成，常与硬石膏、石盐等共生。

鉴定特征：透石膏遇酸易溶，不起泡。

比重：2.3　**解理：**完全　**断口：**多片状

类别：硫酸盐　**成分：**$KAl_3(SO_4)_2(OH)_6$　**硬度：**3.5~4.0

明矾石

明矾石是一种分布较广的硫酸盐矿物。集合体一般为块状或土状，但它是隐晶矿物，晶体并不明显。不含杂质的明矾石为白色，含杂质的明矾石呈浅灰、浅红、浅黄或红褐色等。透明或半透明，玻璃光泽。可制造钾肥、硫酸，也可用来提炼铝。

成因：明矾石由中酸性火山喷出岩经低温热液作用生成，常见于火山岩，如流纹岩、粗面岩和安山岩内。

鉴定特征：明矾石易溶于水和盐酸，在碱性溶液中也可完全分解。

比重：2.6~2.9　**解理：**清楚　**断口：**贝壳状

类别： 硫酸盐　**成分：** $SrSO_4$　**硬度：** 3.0~3.5

天青石

因纯净的天青石呈浅蓝色或天蓝色，故得名，但实际上它的颜色还有绿色、黄绿色、橙色、灰色等，有时也有无色。晶体呈板状、柱状或片状，但完好的晶体比较少见，多为钟乳状、结核状、纤维状、细粒状等集合体。玻璃光泽，解理面则呈珍珠光泽，透明至半透明。

成因： 天青石主要形成于沉积作用，产于白云岩、石灰岩、泥灰岩以及含石膏的黏土岩等沉积岩中，常与碳酸盐和石膏伴生，也有少数形成于热液作用。

鉴定特征： 天青石燃烧时的火焰为深紫红色。它在紫外线的照射下会发出荧光。它不溶于酸，但微溶于水。

颜色有天蓝色、绿色、黄绿色、橙色、浅蓝色、灰色等，有时也有无色

晶体呈板状、柱状或片状，但完好的晶体比较少见，多为呈钟乳状、结核状、纤维状、细粒状等集合体

玻璃光泽，解理面则呈珍珠光泽，透明至半透明

比重： 3.96~3.98　**解理：** 完全　**断口：** 参差状至多片状

类别： 硫酸盐　**成分：** $BaSO_4$　**硬度：** 3.0~3.5

重晶石

重晶石是一种非金属矿物，主要成分为硫酸钡。晶体常呈厚板状或柱状，集合体多为致密块状、板状或粒状。纯的重晶石无色透明，含杂质的则呈各种颜色，有灰色、浅红色、浅黄色等，条痕为白色。具有玻璃光泽，解理面呈珍珠光泽，透明至半透明。

成因： 重晶石形成于低温热液矿脉中，常与方铅矿、闪锌矿、黄铜矿、辰砂等共生；也形成于沉积岩中，一般见于沉积锰矿床和浅海泥质、砂质沉积岩。

鉴定特征： 重晶石不溶于水和盐酸，无磁性，也无毒性。

晶体常呈厚板状或柱状，集合体多为致密块状、板状、粒状

纯的重晶石无色透明，含杂质的则呈各种颜色，有灰色、浅红色、浅黄色等

具有玻璃光泽，解理面呈珍珠光泽，透明至半透明

比重：4.5	解理：完全	断口：参差状

类别：硫酸盐　成分：$PbSO_4$　硬度：2.5~3.0

硫酸铅矿

硫酸铅矿的主要成分是硫酸铅。晶体呈板状和短柱状，集合体呈块状、粒状、结核状和钟乳状。颜色多为无色、白色，有时也为蓝色、灰色及黄色，条痕为白色。透明到不透明，具有金刚光泽、玻璃光泽或松脂光泽。

成因：硫酸铅矿形成于铅矿脉的氧化带中。

鉴定特征：硫酸铅矿不溶于乙醇，微溶于水。此外，它在紫外线的照射下会发出黄色荧光。

晶体呈板状和短柱状，集合体呈块状、粒状、结核状和钟乳状

颜色多为无色、白色，有时也为蓝、灰及黄色调，条痕为白色

透明到不透明，具有金刚光泽、玻璃光泽或松脂光泽

比重：6.3~6.4	解理：完全	断口：贝壳状

类别：硫酸盐　**成分：**$CuSO_4 \cdot 5H_2O$　**硬度：**2.5

胆矾

胆矾俗称五水硫酸铜，由含铜硫化物氧化分解形成。晶体为板状或短柱状，集合体通常为致密块状、钟乳状、被膜状、肾状、纤维状等。通常为蓝色，有时也微带浅绿色，条痕为无色或浅蓝色。半透明至透明，具有玻璃光泽。

成因：胆矾形成于铜矿床的氧化带中。

鉴定特征：胆矾在干燥的空气中会缓缓风化。如果加热，则会失去水分而变成白色，但遇水又会变成蓝色。此外，它易溶于水及甘油，但不溶于乙醇。

晶体为板状或短柱状，集合体通常为致密块状、钟乳状、被膜状、肾状、纤维状等

通常为蓝色，有时也微带浅绿色，条痕为无色或浅蓝色

半透明至透明，具有玻璃光泽

比重：2.28	**解理：**不完全	**断口：**贝壳状

类别：硫酸盐　成分：$Cu_4SO_4(OH)_6$　硬度：3.5~4.0

水胆矾

水胆矾是一种硫酸盐矿物，也属于次生矿物。集合体常呈柱状、针状或板状，一般为双晶。颜色为翠绿色、黑绿色以及黑色等，条痕为灰绿色。半透明至透明，具有玻璃光泽至珍珠光泽。它因颜色独特而成为收藏品；另外，它还是一种重要的铜矿来源。

成因：水胆矾主要形成于铜矿床上部的氧化带中，与氯铜矿、铜矾和孔雀石共生。

鉴定特征：水胆矾易脆，且不与盐酸发生反应。

比重：3.97	解理：完全	断口：贝壳状至参差状

类别：硫酸盐　成分：$CaSO_4$　硬度：3.0~3.5

硬石膏

硬石膏的主要成分为无水硫酸钙，与石膏相似，其不同之处就在于它不含结晶水。晶体呈柱状或厚板状，集合体呈块状或纤维状。不含杂质的硬石膏为无色或白色，含杂质的硬石膏呈灰色、浅灰色、浅蓝色或浅红色，条痕为白色或浅灰白色。玻璃光泽，解理面为珍珠光泽。

成因：硬石膏主要由化学沉积作用形成，一般存在于内陆盐湖中，常与石膏、石盐和钾石盐等伴生，也有的存在于硫化矿床的氧化带中。

鉴定特征：硬石膏加热后易熔化，燃烧时，火焰呈砖红色。

比重：2.98	解理：完全	断口：参差状至多片状

类别：硫酸盐　成分：$BaSO_4$　硬度：3.0~3.5

重晶石晶簇

重晶石晶簇是重晶石单晶体组成的簇状集合体。它的性质与重晶石没有什么区别，只是形状有所不同。纯重晶石无色，但一般呈白色、浅黄色。具有玻璃光泽。可用来制作白色颜料，还可用作化工、造纸、纺织的填料。

成因： 重晶石晶簇产于低温热液矿脉中，一般存在于岩石缝隙或空洞中，常与方铅矿、闪锌矿、黄铜矿、辰砂等共生。

鉴定特征： 重晶石晶簇不溶于水和盐酸。

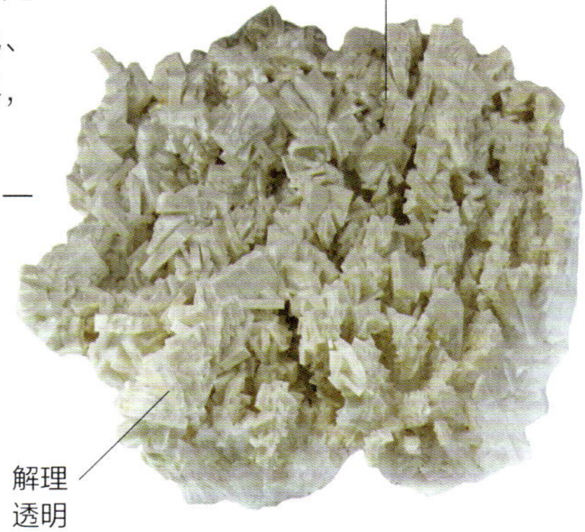

纯重晶石无色，但一般呈白色、浅黄色

具有玻璃光泽，解理面呈珍珠光泽，透明至半透明

比重：4.5	解理：完全	断口：参差状

类别：硫酸盐　成分：$BaSO_4$　硬度：3.0~3.5

重晶石玫瑰花

重晶石玫瑰花是重晶石晶簇的一种，因外形似玫瑰花而得名。它的主要成分为硫酸钡，而纯硫酸钡对人的身体健康是有害的，吸入后可导致胸部紧束、胸痛、咳嗽等，对眼睛也有刺激性，长期吸入还可致钡尘肺。

成因： 重晶石玫瑰花产于低温热液矿脉中，一般存在于岩石缝隙或空洞中。

鉴定特征： 重晶石玫瑰花不燃，但受热后会产生有毒的硫化物烟气。

纯重晶石无色，但一般呈白色、浅黄色

具有玻璃光泽，解理面呈珍珠光泽，透明至半透明

形状似玫瑰花

比重：4.5	解理：完全	断口：参差状

类别： 硫酸盐　**成分：** $SrSO_4$　**硬度：** 3.0~3.5

天青石晶洞

天青石晶洞，是天青石内部含有石英晶体或玉髓的矿物。它是一种比较常见的地质构成，有蓝色、绿色、黄绿色、橙色、浅蓝色、灰色等，有时也为无色透明。它主要用于制造碳酸锶以及生产电视机显像管玻璃等。

成因： 天青石晶洞由其他矿物缓慢渗入到晶体内部而形成。

鉴定特征： 天青石晶洞不溶于酸，但微溶于水。

比重： 3.96~3.98　**解理：** 完全　**断口：** 参差状至多片状

类别： 硫酸盐　**成分：** $MgSO_4 \cdot 7H_2O$　**硬度：** 2.0~2.5

泻利盐

泻利盐，学名七水硫酸镁，又名硫苦、苦盐、泻利盐、泻盐。晶体为四角粒状、针状、斜柱状或菱形，但较为罕见，集合体为纤维状、针状、粒状或钟乳状。颜色为无色、白色、玫瑰色或绿色等，条痕为白色。半透明到透明，具有玻璃光泽或丝绢光泽。

成因： 泻利盐形成于矿坑壁、石灰岩洞穴和岩石表面，也见于干旱地区，产于黄铁矿的氧化带。

鉴定特征： 泻利盐易溶于水，微溶于乙醇和甘油。

比重： 1.68　**解理：** 完全　**断口：** 贝壳状

类别：硫酸盐　**成分：**$Na_2Ca(SO_4)_2$　**硬度：**2.5~3.0

钙芒硝

钙芒硝的晶体有自形和自半形，常呈菱形板状、短柱状以及粒状，集合体则常为致密块状。晶体常呈灰色或黄色，有时也为无色，或因含氧化铁而呈红色，条痕白色。透明至半透明，具有玻璃光泽。

成因：钙芒硝形成于蒸发岩矿床中。

鉴定特征：钙芒硝微具咸味，可缓慢溶解于水。

比重：2.75~2.85	解理：完全	断口：贝壳状

类别：硫酸盐　**成分：**$PbCu(SO_4)(OH)_2$　**硬度：**2.5

青铅矿

青铅矿常呈双晶，为柱状或较薄的板状，并能形成晶簇。颜色为深蓝色，条痕为浅蓝色。无荧光。透明、半透明或微透明，具有玻璃光泽至金刚光泽。

成因：青铅矿形成于铅铜硫化物矿床氧化带中，多与硫酸铅矿、水胆矾、胆矾等共生，与白铅矿、孔雀石等伴生。

鉴定特征：青铅矿放入稀盐酸后，会发白，但不会生成气泡；溶于稀硝酸；易熔化，持续加热还会发出爆裂声，并变黑。

比重：5.3	解理：完全	断口：贝壳状

类别：铬酸盐　**成分：**$PbCrO_4$　**硬度：**2.5~3.0

铬铅矿

铬铅矿属于铬酸铅矿物，可用来防金属表面生锈，还可用作颜料。发育完整的晶体呈细长柱状，集合体则为块状。颜色通常呈鲜艳的橘红色，有时也呈橘黄色、红色或者黄色，条痕为橘黄色，在阳光下，则颜色暗淡。半透明，具有金刚光泽或玻璃光泽。

成因：铬铅矿形成于含铬及铅的矿脉和矿床的蚀变带和氧化带中，常与钼铅矿、白铅矿、磷氯铅矿和钒铅矿等共生。

鉴定特征：铬铅矿易熔化，并溶于强酸。

颜色通常呈鲜艳的橘红色，有时也呈橘黄色、红色或者黄色，在阳光下，其色暗淡

发育完整的晶体呈细长柱状，集合体则为块状

半透明，具有金刚光泽或玻璃光泽

比重：6.0	**解理：**清楚	**断口：**贝壳状至参差状

黑钨矿

黑钨矿，也叫钨锰铁矿，可以用来提炼钨。晶体呈板状或柱状，常呈双晶，集合体为块状。颜色为褐色至黑色，条痕从红棕色至棕黑色。半透明至透明，具有金属光泽或半金属光泽。

成因： 黑钨矿主要产于高温热液石英脉内和云英岩化围岩中，常与锡石、辉钼矿、辉铋矿、毒砂、黄铁矿、黄铜矿等共生。

鉴定特征： 黑钨矿熔化较为缓慢。

晶体呈板状或柱状，常呈双晶，集合体为块状

半透明至透明，具有金属光泽或半金属光泽

颜色为褐色至黑色，条痕从红棕色至棕黑色

比重：7.1~7.5　解理：完全　断口：参差状

类别： 钨酸盐　**成分：** $CaWO_4$　**硬度：** 4.5~5.0

白钨矿

白钨矿是提炼钨的主要矿石。晶体为近八面体的四方双锥状，集合体呈不规则粒状和致密块状。颜色为灰色、浅黄色、浅紫色或浅褐色，有时带绿色、橘黄色或红色，条痕为黄绿色。透明到半透明，具有玻璃光泽或金刚光泽，断口呈油脂光泽。

成因： 白钨矿主要形成于接触交代矿床中，与石榴子石、符山石、透辉石等伴生，也有少数形成于高温热液矿脉中，与黑钨矿等伴生。

鉴定特征： 白钨矿具有荧光性，在紫外线照射下会发出浅蓝色至黄色的荧光，但它具有难熔的特征。

集合体呈不规则粒状和致密块状

颜色为灰色、浅黄色、浅紫色或浅褐色，有时带绿色、橘黄色或红色

透明到半透明，具有玻璃光泽或金刚光泽，断口呈油脂光泽

比重： 5.9~6.1	**解理：** 清楚	**断口：** 亚贝壳状至参差状

类别：磷酸盐 **成分：**$(Mg, Fe)Al_2(PO_4)_2(OH)_2$ **硬度：**5.5~6.0

天蓝石

天蓝石属于含镁铝的磷酸盐矿物，为碱性。晶体呈柱状和锥状，集合体呈块状、粒状、致密状。一般多为蓝色，常见的有深蓝色、蓝绿色、紫蓝色、蓝白色、天蓝色等。半透明至不透明，具有玻璃光泽。质地通透的天蓝石可作宝石材料。

成因：天蓝石产于花岗伟晶岩或石英脉中。

鉴定特征：天蓝石在密封的试管内加热，可释放水分。

比重：3.1	解理：不清楚	断口：参差状至多片状

类别：磷酸盐 **成分：**$Fe(PO_4)_2 \cdot 8H_2O$ **硬度：**1.5~2.0

蓝铁矿

蓝铁矿是一种含水的磷酸盐矿物。晶体常呈长柱状或板状，集合体呈放射状、球状或土块状。新鲜的蓝铁矿无色，氧化后则变成蓝色、靛蓝或蓝黑色。透明、半透明、不透明的都有，且呈玻璃光泽，解理面则呈珍珠光泽。

成因：蓝铁矿形成于热液矿床和沉积沙床中，与菱铁矿、闪锌矿、石英等伴生。

鉴定特征：蓝铁矿氧化后呈蓝色。

比重：2.68	解理：完全	断口：参差状

类别：磷酸盐 **成分：**$AuAl_6(PO_4)_4(OH)_8 \cdot 4H_2O$ **硬度：**5.0~6.0

绿松石

绿松石，又称“松石”，属于含铜和铝的磷酸盐矿物。颜色以蔚蓝色最具特色，也有淡蓝、蓝绿、浅绿、黄绿、灰绿等色。集合体通常呈致密块状、肾状、钟乳状、皮壳状等，常有褐铁矿或其他氧化铁包裹物。不透明，抛光面为油脂玻璃光泽，断口为油脂暗淡光泽。

成因：绿松石形成于含铝的岩浆岩和沉积岩中。

鉴定特征：绿松石遇热通常会爆裂成碎片，火焰呈绿色。可溶于盐酸，但溶解很慢。在长波紫外线下，可发出淡绿色到蓝色的荧光。

比重：2.6~2.8 **解理：**良好 **断口：**贝壳状

类别：磷酸盐　**成分：**$Pb_5(PO_4)_3Cl$　**硬度：**3.5~4.0

磷氯铅矿

磷氯铅矿是含磷和氯的磷酸盐矿物，可以用来提炼铅。颜色多样，有绿、黄、灰、褐等色调，从深绿、黄绿、绿黄、柠檬黄、褐、灰白到白色均有，条痕为白色或略带其他颜色。晶体常呈六方柱状、圆筒状或针状，集合体则呈晶簇状、球状、粒状、肾状。半透明，具有树脂光泽至金刚光泽。

成因：磷氯铅矿主要形成于铅矿床的氧化带中，常与白铅矿、铅矾、菱锌矿、异极矿、褐铁矿等伴生。

鉴定特征：磷氯铅矿可溶于某些酸。

晶体常呈六方柱状、圆筒状或针状，集合体则呈晶簇状、球状、粒状、肾状

颜色多样，有绿、黄、灰、褐等色调，从深绿、黄绿、绿黄、柠檬黄、褐、灰白到白色均有

半透明，具有树脂光泽至金刚光泽

比重：6.5~7.1	**解理：**无	**断口：**参差状至贝壳状

类别：磷酸盐　成分：$Ca(UO_2)_2(PO_4)_2 \cdot 10\text{-}12H_2O$　硬度：2.0~2.5

钙铀云母

钙铀云母较为少见，含铀量达 54.46%。晶体呈四方板状、片状、鳞状，集合体呈皮壳状、鳞片状、球状、粉末状。颜色为黄色至绿色，条痕为黄色。透明，金刚光泽、玻璃光泽至珍珠光泽。当它处于潮湿环境时，颜色鲜艳，透明度好。

成因：钙铀云母主要形成于铀矿床的氧化带中，有时也形成于伟晶岩中。

鉴定特征：钙铀云母在紫外线照射下会发出淡黄绿色的强荧光。

晶体呈四方板状、片状、鳞状，集合体呈皮壳状、鳞片状、球状、粉末状

透明，金刚光泽、玻璃光泽至珍珠光泽

颜色为黄色至绿色，条痕为黄色

比重：3.05~3.19	解理：完全	断口：参差状

类别：磷酸盐　**成分：**$Al_3(PO_4)_2(OH, F)_3 \cdot 5H_2O$　**硬度：**3.5~4.0

银星石

银星石较为常见，属于磷酸盐矿物。晶体一般呈柱状，集合体则呈放射状或球状。有绿白、黄绿、暗蓝、黄、暗黑、粉红等颜色，条痕为白色。透明至半透明，具有玻璃光泽或油脂光泽，解理面则为珍珠光泽。

成因：银星石主要由含磷溶液作用于含铝矿物而成，也有少数形成于热液矿脉晚期。

鉴定特征：银星石溶于多种酸；不熔，但在密闭的试管内加热会释放出水分。

晶体一般呈柱状，集合体则呈放射状或球状

有绿白、黄绿、暗蓝、黄、暗黑、粉红等颜色

透明至半透明，具有玻璃光泽或油脂光泽，解理面则为珍珠光泽

比重：2.36　**解理：**完全　**断口：**参差状或贝壳状

类别：磷酸盐　**成分：**$Ca(PO_4)_3(F, Cl, OH)$　**硬度：**5.0

磷灰石

磷灰石属于磷酸盐矿物。集合体有块状、粒状、结核状等多种。颜色多样，无杂质者无色，但因含氟、碳、氯、铀、锰等杂质而呈浅绿、黄绿、褐红、浅紫等颜色。玻璃光泽，断口油脂光泽。它可以用来提取磷和制造农用磷肥；颜色鲜亮、色泽均匀的磷灰石还可作宝石或装饰材料。

成因：磷灰石生成于岩浆岩、沉积岩和变质岩中。

鉴定特征：磷灰石溶于盐酸，加热后会出现磷光。

集合体有块状、粒状、结核状等多种

颜色多样，无杂质者无色，但因含氟、碳、氯、铀、锰等杂质而呈浅绿、黄绿、褐红、浅紫等颜色

玻璃光泽，断口油脂光泽

比重：3.1~3.2　**解理：**不佳　**断口：**贝壳状至参差状

类别：磷酸盐　成分：$Al(PO_4) \cdot 2H_2O$　硬度：3.5~4.5

磷铝石

磷铝石属于磷酸盐矿物。它具有多孔的特点，可以用来吸附油脂。纯净的磷铝石为无色、白色，含杂质时则呈浅红色、绿色、黄色或天蓝色，但一般呈绿色。透明至半透明，玻璃至油脂光泽。它可作石料饰面或次要宝石。

成因： 磷铝石主要形成于含铝岩石的氧化带中，常与赤铁矿、褐铁矿等共生。

鉴定特征： 磷铝石预热，后放入酸中，可溶解。

比重：2.6~2.9	解理：完全	断口：贝壳状

类别：钼酸盐　成分：$PbMoO_4$　硬度：2.5~3.0

钼铅矿

钼铅矿比较常见，可以用来提取钼。晶体呈板状、薄板状，少数呈锥状、柱状，单形比较常见，集合体则为粒状。颜色多样，有黄色、橘红色、灰色、褐色等，由于含钨的成分，有时也发红。透明至半透明，松脂光泽或金刚光泽，断口呈油脂光泽。

成因： 钼铅矿主要存在于铅锌矿的矿床氧化带中。

鉴定特征： 钼铅矿溶于热盐酸，在冷盐酸中则溶解缓慢。

比重：6.5~7.0	解理：清楚	断口：亚贝壳状

类别： 砷酸盐　**成分：** $Zn_2AsO_4(OH)$　**硬度：** 3.5

水砷锌矿

水砷锌矿属于砷酸盐矿物。晶体呈板状或柱状，集合体呈球状或块状。颜色常为白色、灰色，有时也呈浅黄色、浅棕色、玫瑰红色或淡紫色，条痕则呈浅白色。透明到半透明，珍珠光泽或丝绢光泽，有时也无光泽。

成因： 水砷锌矿产于锌矿床的氧化带中，常与菱锌矿、绿铜锌矿、白铅矿、方解石和褐铁矿等共生。

鉴定特征： 水砷锌矿溶于稀释的酸性溶液。它在紫外线照射下会发出黄绿色荧光。此外，还可熔化。

比重：4.3~4.4	解理：良好	断口：亚贝壳状至参差状

类别： 砷酸盐　**成分：** $Cu_2(AsO_4)(OH)$　**硬度：** 3.0

橄榄铜矿

橄榄铜矿因外观呈橄榄绿而得名。橄榄铜矿的晶体呈柱状、针状、板状、球状或肾状等。颜色为橄榄绿、棕色、浅黄色、灰色或白色等，条痕为橄榄绿。半透明至不透明，玻璃至丝绢光泽。

成因： 橄榄铜矿形成于硫化铜矿床的氧化带，常与孔雀石、蓝铜矿、方解石、针铁矿、透视石和臭葱石等共生。

鉴定特征： 橄榄铜矿溶于酸性物质，加热后还会发出大蒜味。

比重：4.4	解理：不清楚	断口：参差状至贝壳状

类别：砷酸盐　**成分**：$Co_3(AsO_4)_2 \cdot 8H_2O$　**硬度**：1.5~2.5

钴华

钴华属于砷酸盐矿物。晶体细小，呈针状或片状，但它的晶体极为少见，集合体则常呈土状或皮壳状。颜色为粉红至鲜红色，有时也为珠灰色。透明到半透明，玻璃光泽。可用于提炼钴，也可用于玻璃和陶瓷的着色。

成因：钴华形成于钴矿脉的氧化带。

鉴定特征：钴华溶于盐酸；加热时会变成蓝色。

晶体细小，呈针状或片状，但它的晶体极为少见，集合体则常呈土状或皮壳状

颜色为粉红至鲜红色，有时也为珠灰色

透明到半透明，玻璃光泽

比重：3.18　**解理**：完全　**断口**：参差状

类别：砷酸盐　成分：$Pb_5(AsO_4)_3Cl$　硬度：3.5~4.0

砷铅矿

砷铅矿的晶体呈六方柱状、板状、双锥状、针状，集合体则呈葡萄状、肾状或粒状。无杂质的砷铅矿无色，含有杂质的则为黄色、橙色、褐色、绿色、灰色等。半透明到透明，具有玻璃光泽至松脂光泽。

成因：砷铅矿形成于铅锌矿床的氧化带中，常与磷氯铅矿、钒铅矿、菱锌矿、异极矿、褐铁矿、毒砂等共生。

鉴定特征：砷铅矿溶于盐酸；易熔，并会释放出强烈的大蒜味。

晶体呈六方柱状、板状、双锥状、针状，集合体则呈葡萄状、肾状或粒状

无杂质的砷铅矿无色，含有杂质的则为黄色、橙色、褐色、绿色、灰色等

半透明到透明，具有玻璃光泽至松脂光泽

比重：7.0~7.3	解理：无	断口：亚贝壳状至参差状

类别： 砷酸盐　**成分：** $Ni_3(AsO_4)_2 \cdot 8H_2O$　**硬度：** 1.5~2.5

镍华

镍华属于含镍砷酸盐矿物。晶体有柱状、板状，集合体常呈皮壳状、土状或粉末状。颜色为白色、灰色、淡绿色或黄绿色，条痕为淡绿色。透明到半透明，具有玻璃光泽。

成因： 镍华形成于镍砷化物矿床的氧化带中。

鉴定特征： 镍华在密闭的试管内加热会释放出水分。

比重： 3.07	**解理：** 完全	**断口：** 参差状

类别： 卤化物　**成分：** KCl　**硬度：** 1.5~2.0

钾石盐

钾石盐属于可溶性钾盐。晶体呈立方体或立方体与八面体聚形，集合体常为粒状或块体，有时也为层状。不含杂质的钾石盐无色，含杂质时呈浅灰色、浅蓝色、红色、玫瑰色、黄色、乳白色等。玻璃光泽。可用于制造钾肥，还可用于提取钾和制造钾的化合物。

成因： 钾石盐常产生于含盐的沉积岩层和现代沉积盆地中，与石膏共生。

鉴定特征： 钾石盐易溶于水，具有吸湿性；燃烧时，火焰呈紫色。

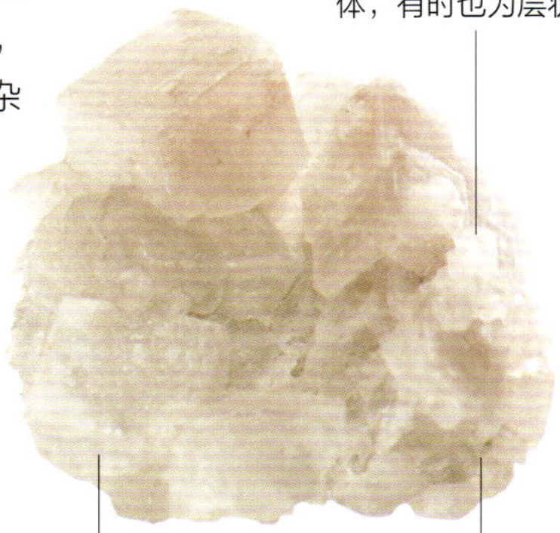

比重： 1.97~1.99	**解理：** 完全	**断口：** 参差状至贝壳状

类别：卤化物　**成分：**NaCl　**硬度：**2.0

石盐

石盐一般指岩盐，它的主化学成分为氯化钠。晶体呈立方体，集合体常呈粒状、块状、钟乳状或盐华状。不含杂质的石盐为无色或白色，含杂质时呈浅灰、黄、红、黑等色，条痕为白色。新鲜面呈玻璃光泽，潮解后呈油脂光泽。可作食品调料和防腐剂，也是重要的化工原料。

成因：石盐形成于化学沉积作用，常与钾盐、光卤石、杂卤石、石膏、硬石膏、芒硝等共生或伴生。

鉴定特征：石盐易溶于水；燃烧时，火焰呈黄色。

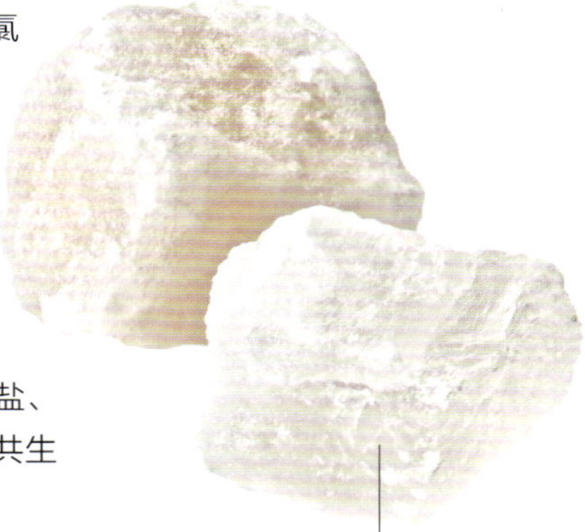

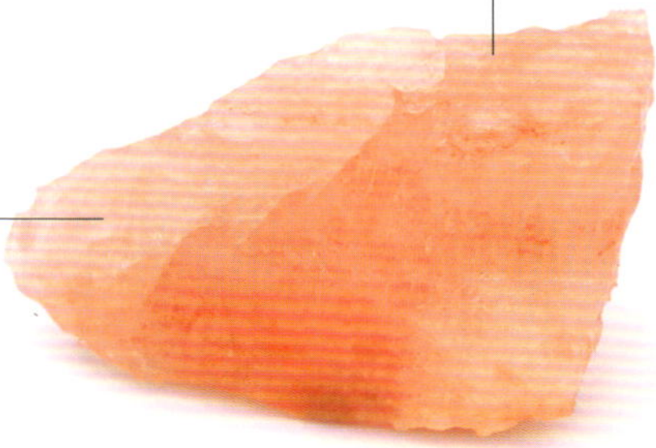

比重：2.1~2.2	**解理：**完全	**断口：**参差状至贝壳状

类别：卤化物　成分：CaF_2　硬度：4.0

萤石

萤石，又称氟石、砩石等，较为常见，其主要成分为氟化钙。它在紫外线、阴极射线照射下或加热时，会发出蓝色或紫色荧光。萤石有多种颜色，常见的颜色有蓝、绿蓝、黄、酒黄、紫、灰、褐、玫瑰红、深红等，其中以绿色或紫色最常见，而无色透明的萤石则因稀少而珍贵。可作宝石，但大多含有放射性物质，通常对人体有伤害。

成因： 萤石主要产于热液矿脉中，其中无色透明的萤石则产于花岗伟晶岩或萤石脉的晶洞中，常与石英、方解石、白云石、方铅矿石等伴生。

鉴定特征： 萤石在紫外线或阴极射线照射下，会发出荧光；某些萤石还有热发光性，即加热或在太阳光下曝晒后，可发出磷光。

晶体主要为立方体，少数为菱形十二面体、八面体，集合体为粒状、晶簇状、条带状、块状等

萤石颜色鲜艳，常见的颜色有蓝、绿蓝、黄、酒黄、紫、灰、褐、玫瑰红、深红等，其中以绿色或紫色最常见

具有玻璃光泽，透明至不透明

比重：1.97~1.99	解理：完全	断口：参差状至贝壳状

类别： 卤化物　**成分：** $KMgCl_3 \cdot 6H_2O$　**硬度：** 2.0~3.0

光卤石

光卤石是含水的钾镁盐矿物。集合体呈颗粒状、致密块状和纤维状，晶体呈假六方双锥，但比较少见。纯净者为无色至白色，含杂质的呈黄色、粉红色、蓝色等。透明至不透明，具有脂肪光泽。可用于制造钾肥和提取金属镁。

成因： 光卤石形成于石膏、硬石膏、石盐和钾石盐沉积的蒸发岩地层中，常与石盐、钾石盐共生。

鉴定特征： 光卤石在空气中极易潮解，且易溶于水；易熔化，火焰呈紫罗兰色。

纯净者为无色至白色，含杂质的呈黄色、粉红色、蓝色等

透明至不透明，具有脂肪光泽

集合体呈颗粒状、致密块状和纤维状

比重： 1.602	**解理：** 无	**断口：** 贝壳状

类别：卤化物　**成分：**$Cu_2Cl(OH)_3$　**硬度：**3.0~3.5

氯铜矿

氯铜矿较为稀有。晶体呈细长柱状或薄板状，集合体为柱状、条板状、纤维状、放射状、粒状、块状、皮壳状等。颜色为深绿色、翠绿色或黑绿色，条痕为苹果绿。透明至半透明，具有玻璃光泽到金属光泽。大量聚积时，可作炼铜的矿物原料。

成因：氯铜矿形成于铜矿床的氧化带中，常与孔雀石、蓝铜矿和石英伴生，也形成于火山口周围。

鉴定特征：氯铜矿能溶于酸类物质，并产生于绿色溶液，但不起任何泡沫；易熔化，且火焰呈蓝色，置闭口管中加热则能生水。

晶体呈细长柱状或薄板状

集合体为柱状、条板状、纤维状、放射状、粒状、块状、皮壳状等

透明至半透明，具有玻璃光泽到金属光泽

颜色为深绿色、翠绿色或黑绿色

比重：3.76	**解理：**完全	**断口：**贝壳状

类别： 钒酸盐　**成分：** $Cu_3V_2O_7(OH)_2 \cdot 2H_2O$　**硬度：** 3.5

钒铜矿

钒铜矿的晶体呈皮壳状或鳞片状，以玫瑰状或蜂窝状的集合体产出。颜色为绿色、黄色或棕色。半透明，具有玻璃光泽或珍珠光泽。

成因： 钒铜矿由其他钒矿物变转化而来。

鉴定特征： 钒铜矿可溶于酸性物质。

比重：3.42	解理：完全	断口：参差状

类别： 钒酸盐　**成分：** $Pb_5(VO_4)_3Cl$　**硬度：** 3.0

钒铅矿

钒铅矿是主要的含钒矿物之一。晶体呈六方柱状、针状或毛发状，集合体呈晶簇状、球状。颜色为鲜红、橙红、浅褐红等，条痕呈浅黄色或棕黄色。透明、半透明或不透明，呈松脂光泽至金刚光泽。它是提炼钒和铅的主要矿石原料。

成因： 钒铅矿主要生成于铅矿床的氧化带中，常与砷铅矿、磷氯铅矿、钒铅锌矿、钒铜铅矿、钼铅矿、白铅矿、硫酸铅矿、方解石、重晶石等伴生。

鉴定特征： 钒铅矿溶于硝酸，且易熔。钒铅矿蒸发后，会出现红色残留物。

比重：6.88	解理：无	断口：贝壳状至参差状

类别： 硼酸盐　**成分：** $Na_2B_4O_6(OH)_2 \cdot 3H_2O$　**硬度：** 2.5~3.0

四水硼砂

四水硼砂的晶体为短柱形，但比较罕见，集合体一般呈劈裂的纤维状。刚开采的四水硼砂无色，之后会变成白色，条痕也为白色。不透明至透明，具有玻璃光泽或丝绢光泽，有时也黯淡无光。

成因： 四水硼砂形成于蒸发岩的矿床和矿脉中。

鉴定特征： 四水硼砂可溶于冷水。

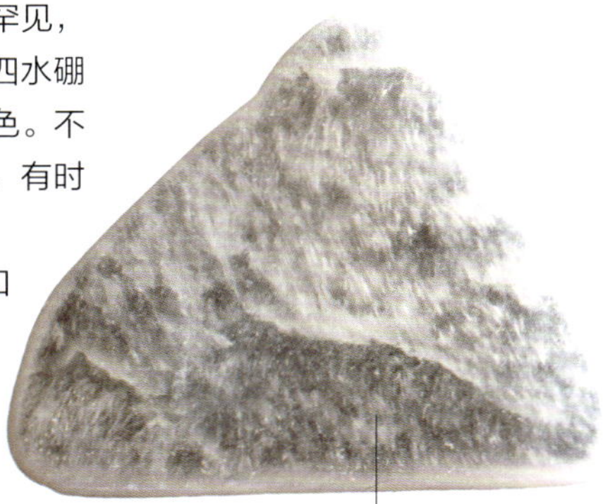

晶体为短柱形，但比较罕见，集合体一般呈劈裂的纤维状

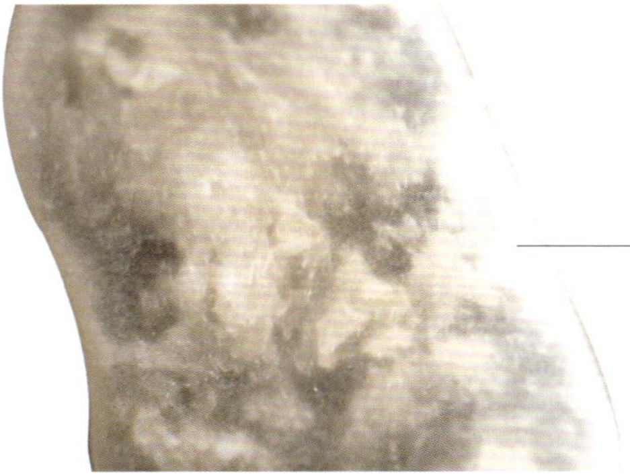

不透明至透明，具有玻璃光泽或丝绢光泽，有时也黯淡无光

刚开采的四水硼砂无色，之后会变成白色

比重： 1.9	**解理：** 完全	**断口：** 多片状

类别： 硼酸盐　**成分：** $Ca_2B_6O_{11} \cdot 5H_2O$　**硬度：** 4.5

硬硼酸钙石

硬硼酸钙石属于含水的钙硼酸盐矿物，主要由硼钠解石和硼砂构成。晶体为短柱状，集合体则以块状、粒状及球状产出。颜色常为无色、白色、黄色和灰色等，条痕为白色。透明到半透明，有玻璃光泽。它在工业中一般充当硼酸盐和硼酸的重要原料。

➲ 成因：硬硼酸钙石形成于蒸发岩矿床。

➲ 鉴定特征：硬硼酸钙石溶于盐酸；易熔、易断裂，燃烧时火焰呈绿色。

比重：2.42	解理：完全	断口：参差状至贝壳状

类别： 硅酸盐　**成分：** $BaCa(CO_3)_2$　**硬度：** 4.0

斜钡钙石

斜钡钙石的晶体是具有条纹的柱状，集合体则呈块状。颜色为白色、浅黄色、灰色或浅绿色等。半透明至透明，具有玻璃光泽或松脂光泽。

➲ 成因：斜钡钙石形成于热液矿脉。

➲ 鉴定特征：斜钡钙石溶于盐酸，并会产生气泡。

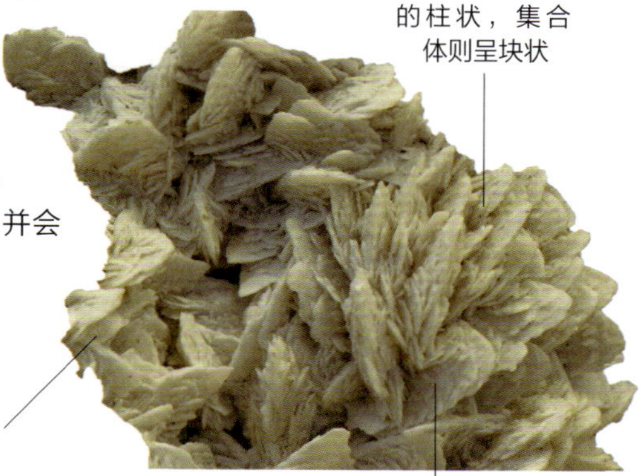

比重：3.66~3.71	解理：完全	断口：亚贝壳状至参差状

类别：硅酸盐　**成分：**$(Fe, Mg)_2(SiO_4)$　**硬度：**6.5~7.0

橄榄石

橄榄石是上地幔的主要矿物成分。晶体多呈短柱状或厚板状，集合体多为不规则粒状。颜色多为橄榄绿、黄绿、金黄绿或祖母绿，随着铁含量的增多，颜色可由浅黄绿色变至深绿色。玻璃光泽，透明至半透明。透明、色泽鲜艳、晶体通透的橄榄石可作装饰品。

成因：橄榄石主要见于辉长岩、玄武岩和橄榄岩等暗色基性或超基性岩浆岩中，常与钙斜长石和辉石共生。

鉴定特征：橄榄石溶于盐酸，在溶解过程中会出现凝胶。它热敏性高，不均匀或快速加热易导致破裂。

颜色多为橄榄绿、黄绿、金黄绿或祖母绿色，随着铁含量的增多，颜色可由浅黄绿色变至深绿色

晶体多呈短柱状或厚板状，集合体多为不规则粒状

玻璃光泽，透明至半透明

比重：3.27~4.32	**解理：**不完全	**断口：**贝壳状

类别： 硅酸盐　**成分：** $Al_2SiO_4(F, OH)_2$　**硬度：** 8.0

黄玉

黄玉，又叫黄晶，其主要成分为含氟的硅酸盐。集合体一般呈柱状、粒状或块状。颜色多样，一般为黄色、蓝色、绿色、红色、褐色等，有时也为无色，在阳光下长时间曝晒还会褪色。玻璃光泽。可作研磨材料，也可制作仪表轴承。颜色鲜艳、色泽通透的黄玉属于名贵的宝石。

成因： 黄玉形成于岩浆作用，一般见于流纹岩和花岗岩的孔洞中，常与锡矿石伴生。

鉴定特征： 黄玉不溶于酸性物质。

集合体一般呈柱状或不规则的粒状或块状

颜色多样，一般为黄色、蓝色、绿色、红色、褐色等，有时为无色

玻璃光泽

比重：3.49~3.57	解理：完全	断口：亚贝壳状至参差状

类别：硅酸盐　**成分：**Al_2SiO_5　**硬度：**5.5~7.0

蓝晶石

蓝晶石，又名二硬石，可作耐火材料。晶体呈扁平的板条状，集合体呈放射状。一般呈蓝色，也有青色、亮灰色等，有时由于蓝晶石表面有斑点或纹理颜色不均，致使中部颜色较深。透明至半透明，玻璃光泽。色靓丽且透明的晶体可作宝石。

成因：蓝晶石多由泥质岩经中级变质作用而成，存在于片岩、片麻岩、花岗岩及石英岩脉中，常与石榴石、十字石、云母和石英共生。

鉴定特征：蓝晶石具有荧光效应。

透明至半透明，玻璃光泽

晶体呈扁平的板条状，集合体呈放射状

一般呈蓝色，也有青色、亮灰色等，有时由于蓝晶石表面上有斑点或纹理颜色不均，致使中部颜色较深

比重：3.53~3.67　**解理：**完全　**断口：**参差状

类别：硅酸盐　成分：$CaBSiO_4(OH)$　硬度：5.0~5.5

硅硼钙石

硅硼钙石是一种不常见的硅酸盐矿物。晶体呈柱状，多变化，集合体呈块状、粒状和致密块状等。常见颜色有无色、白色、浅绿色、浅黄色、粉色、紫色、褐色、灰色等。半透明至透明，玻璃光泽。

成因： 硅硼钙石形成于基性岩的岩脉和裂隙中，常与方解石、石英等共生。

鉴定特征： 硅硼钙石可溶于酸性物质；在燃烧时火焰呈绿色。

半透明至透明，玻璃光泽

常见颜色有无色、白色、浅绿色、浅黄色、粉色、紫色、褐色、灰色等

晶体呈柱状，多变化，集合体呈块状、粒状和致密块状等

比重：2.8~3.0	解理：无	断口：参差状至贝壳状

绿帘石

绿帘石属于硅酸盐矿物，可作珠宝饰品。晶体为柱状，柱面有条纹，集合体常呈粒状、柱状、放射状、晶簇状等。通常为各种不同的绿色，也有无色，颜色会随铁含量的增加而变深。透明至半透明，玻璃光泽至油脂光泽。

成因：绿帘石由岩浆岩、变质岩、沉积岩中温热液作用下形成，广泛分布于变质岩、夕卡岩和岩浆岩中。

鉴定特征：绿帘石遇热盐酸能部分溶解，遇氢氟酸能快速溶解。

晶体为柱状，柱面有条纹，集合体常呈粒状、柱状、放射状、晶簇状等

通常为各种不同的绿色，也有无色，颜色会随铁含量的增加而变深

透明至半透明，玻璃光泽至油脂光泽

比重：3.35~3.50	解理：完全	断口：参差状

类别： 硅酸盐　**成分：** $Zn_4Si_2O_7(OH)_2 \cdot H_2O$　**硬度：** 4.5~5.0

异极矿

异极矿属于次生矿物。晶体为板状，集合体为肾状、皮壳状、放射状、钟乳状、纤维状、球状等。颜色通常无色或淡蓝色，也有白色、灰色、浅绿色、浅黄色、褐色、棕色等，条痕为灰色。透明或半透明，玻璃光泽，有时也呈珍珠光泽或金刚光泽。

成因： 异极矿主要生成于铅锌硫化物矿床的氧化带，通常以脉状存在于石灰岩内，常与闪锌矿、菱锌矿、白铅矿、褐铁矿等共生。

鉴定特征： 异极矿具有强热电性；遇酸不起泡，但能形成胶状体；难熔，但在封闭的试管内加热会释放出水分。

通常无色或淡蓝色，也有白色、灰色、浅绿色、浅黄色、褐色、棕色等

晶体为板状，集合体为肾状、皮壳状、放射状、钟乳状、纤维状、球状等

透明或半透明

玻璃光泽，有时也呈珍珠光泽或金刚光泽

比重： 3.4~3.5	**解理：** 完全	**断口：** 贝壳状至参差状

绿柱石

绿柱石，又称为绿宝石，可以用来提炼铍，也可用作宝石，祖母绿、海蓝宝石等都是由绿柱石制成。晶体呈六方柱形，柱面有纵纹。纯净的绿柱石无色，但大多为绿色，其中宝石绿、蓝色最常见，也有浅蓝色、黄色、白色和玫瑰色等。透明至半透明。玻璃光泽。

成因：绿柱石主要产于花岗伟晶岩中，有时也见于砂岩、云母片岩中，常与锡、钨共生。

鉴定特征：绿柱石难熔，但熔化时边缘会出现小碎片；具有猫眼和星光效应。

透明至半透明，玻璃光泽

晶体呈六方柱体

纯净的绿柱石无色，但大多为绿色，其中宝石绿、蓝色最常见，也有浅蓝色、黄色、白色和玫瑰色等

比重：2.6~2.9	解理：不清楚	断口：参差状至贝壳状

类别：硅酸盐 **成分：**$Na_3Al_6(BO_3)_3Si_6 \cdot O_{18}(OH,F)_4$ **硬度：**7.0~7.5

电气石

电气石，又被称为碧玺，由于具有热电性及压电性而容易带静电，因此得名。它的主要特色是同一晶体上显现多种颜色。晶体为柱状、三方柱、六方柱、三方单锥，集合体呈棒状、放射状、小针状，也呈致密块状或隐晶体状。透明至不透明，玻璃光泽。

成因：电气石形成于花岗岩、伟晶岩以及一些变质岩中，常与绿柱石、锆石、石英、长石等共生。

鉴定特征：电气石不溶于任何酸性物质；不熔。

同一晶体上显现多种颜色

晶体为柱状、三方柱、六方柱、三方单锥，集合体呈棒状、放射状、小针状，也呈致密块状或隐晶体状

透明至不透明，玻璃光泽

比重：3.0~3.2 **解理：**不清楚 **断口：**参差状至贝壳状

类别：硅酸盐　成分：$Mg_2Al_4Si_5O_{18}$　硬度：7.0~7.5

堇青石

堇青石的颜色与蓝宝石相似，因此又被称为水蓝宝石。晶体常呈假六方形的短柱状，集合体为粒状、块状。颜色有蓝色、浅蓝色、浅紫色、浅黄色及淡褐色等，通常蓝色和蓝紫色的堇青石可作宝石 。玻璃光泽，透明至半透明。

成因： 堇青石主要存在于片麻岩、含铝量较高的片岩及蚀变的岩浆岩中，常与石榴子石、红柱石、刚玉、石英、尖晶石、硅线石等共生。

鉴定特征： 堇青石易熔。

晶体常呈假六方形的短柱状，集合体为粒状、块状

颜色有蓝色、浅蓝色、浅紫色、浅黄色及淡褐色等，通常颜色为蓝色和蓝紫色的堇青石可作宝石

玻璃光泽，透明至半透明

比重：2.53~2.78　解理：清楚　断口：贝壳状

类别：硅酸盐　**成分**：$Ca(Fe^{+2},Mn^{+2})Al_2BSi_4O_{15}(OH)$　**硬度**：6.0~7.0

斧石

斧石为晶质体，晶体为板状，集合体为块状和片状。常见颜色为褐色、紫褐色、紫色、褐黄色、蓝色等，条痕无色。玻璃光泽，半透明至透明。斧石可加工磨成刻面宝石，但因容易破损而多用于收藏。

成因：斧石产生于接触变质作用和交代作用，常与方解石、石英、阳起石等伴生。

鉴定特征：斧石在紫外线下通常无荧光，只有黄色品种在短波紫外线下发红色荧光。此外，它可在氢氟酸溶液中缓慢溶解，但要慎与盐酸接触。

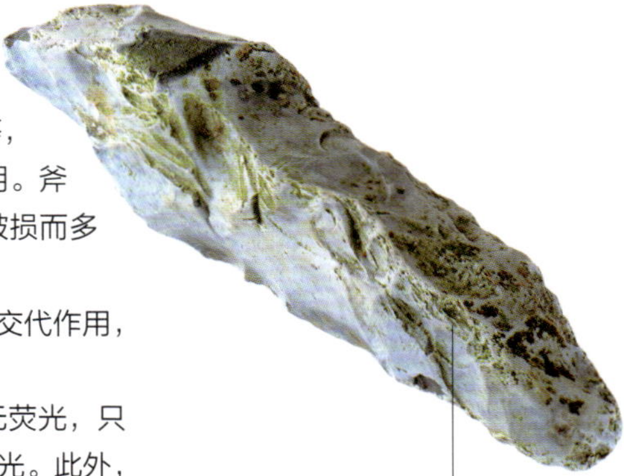

晶质体，晶体为板状，集合体为快状和片状

常见颜色为褐色、紫褐色、紫色、褐黄色、蓝色等，条痕无色

玻璃光泽，半透明至透明

比重：3.2~3.4	**解理**：良好	**断口**：参差状至贝壳状

透辉石

透辉石属于含钙镁的硅酸盐矿物，比较常见，如果色彩鲜艳、质地通透还可作宝石。晶体呈柱状、粗短柱状，集合体呈长柱体、粒状或片状。常见颜色为蓝绿色、黄绿色、褐色、黄色、紫色、无色、白色等，条痕无色至浅绿色。玻璃光泽，透明至不透明。可用于烧制瓷釉。

成因： 透辉石产生于热液矿脉及岩浆活动中，广泛分布于基性与超基性岩中，常与石榴石、符山石、硅 灰石、方解石等共生。

鉴定特征： 透辉石会发出荧光，具有猫眼和星光效应。

晶体呈柱状、粗短柱状，集合体呈长柱体、粒状或片状

常见颜色为蓝绿色、黄绿色、褐色、黄色、紫色、无色、白色等，条痕无色至浅绿

玻璃光泽，透明至不透明

比重：3.22~3.38	解理：良好	断口：参差状

类别：硅酸盐　**成分：**Na（Al，Fe）Si_2O_6　**硬度：**6.0~7.0

硬玉

硬玉是翡翠的主要矿物部分。它很少形成晶体，如果形成，则呈细长的小柱状，晶面一般有条纹，集合体常呈柱状、纤维状、粒状及致密块状等。颜色丰富，通常有蓝色、绿色、红色、棕色等，其中绿色为上品。半透明至不透明，油脂光泽至玻璃光泽，但质地较好的皆具有玻璃光泽。

成因：硬玉形成于蛇纹岩化超基性岩以及某些片岩中。

鉴定特征：硬玉在长波紫外线地照射下，会发出暗淡的白色荧光，在短波紫外线照射下则无反应。

比重：3.24　**解理：**良好　**断口：**多片状

类别： 硅酸盐　**成分：**（Fe，Mg）$_7Si_8O_{22}$（OH）$_2$　**硬度：** 5.0~6.0

铁闪石

铁闪石是闪石的一种，属于硅酸盐矿物。晶体呈纤维状或片状，集合体常呈纤维状、针状、柱状。颜色为暗褐色至褐色，条痕则呈浅黄色，具有多色性。半透明至不透明，丝绢光泽。

成因： 铁闪石形成于接触变质岩中。

鉴定特征： 铁闪石不溶于任何酸性物质。

晶体呈纤维状或片状，集合体常呈纤维状、针状、柱状

颜色为暗褐色至褐色，条痕则呈浅黄色，具有多色性

半透明至不透明，丝绢光泽

比重： 3.44~3.60　**解理：** 良好　**断口：** 参差状

类别： 硅酸盐　**成分：** $Ca_2(Mg, Fe)_5Si_8O_{22}(OH)_2$　**硬度：** 5.0~6.0

透闪石

透闪石是角闪石的变种。晶体常呈细柱状、纤维状，集合体常呈柱状或放射状。颜色为无色、白色、浅灰色、粉红色、浅绿色、褐色、淡紫色等，条痕为白色。透闪石可作陶瓷、玻璃等原料。

成因： 透闪石由不纯灰岩、基性岩或硬砂岩等在区域变质作用中形成。

鉴定特征： 透闪石不溶于酸；具有荧光作用。

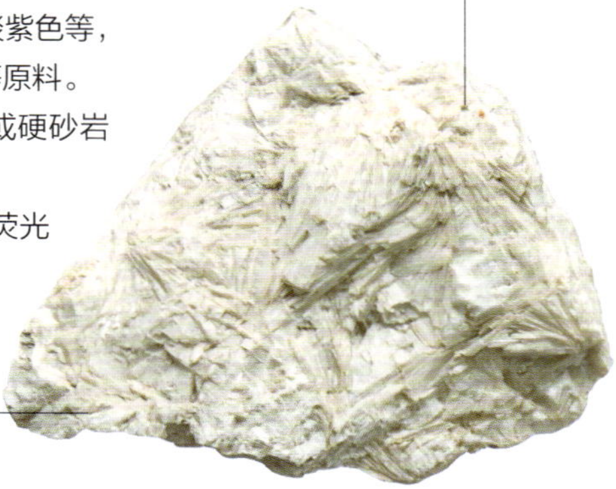

比重：2.9~3.2	解理：良好	断口：参差状至亚贝壳状

类别： 硅酸盐　**成分：** $NaCa_2Si_3O_8(OH)$　**硬度：** 4.5~5.0

针钠钙石

针钠钙石的集合体通常呈致密的针状、纤维状、放射状。颜色为无色、白色、灰白色，条痕为白色。透明或半透明，玻璃光泽或丝绢光泽。

成因： 针钠钙石主要产于基性喷出岩的杏仁体中，与沸石和方解石共生；少数产于钙质变质岩、碱性侵入岩和云母橄榄岩中。

鉴定特征： 针钠钙石溶于盐酸，并可析出硅胶。

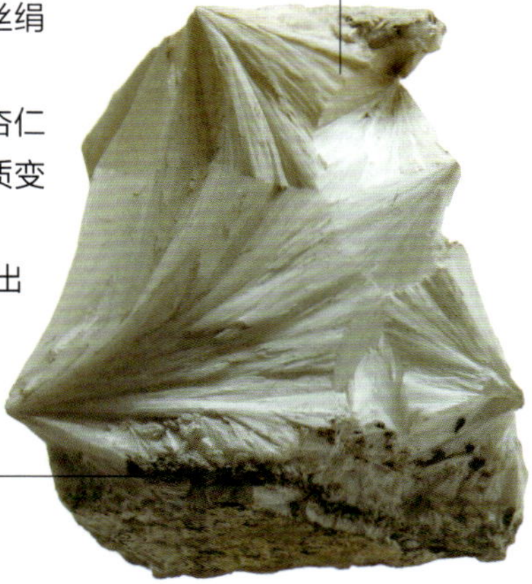

比重：2.74~2.88	解理：完全	断口：参差状

类别：硅酸盐　成分：$CaSiO_3$　硬度：4.5~5.0

硅灰石

硅灰石属于无机矿物。晶体呈细板状，集合体通常呈片状、放射状或纤维状。颜色为白色，有时也带浅灰、浅红色调。玻璃光泽，解理面呈珍珠光泽。可用来造纸、制瓷、制水泥等。

成因：硅灰石主要产于酸性侵入岩与石灰岩的接触变质带中，与符山石、石榴石共生，还有少数产于深变质的钙质结晶片岩、火山喷出物及某些碱性岩中。

鉴定特征：硅灰石可完全溶于浓盐酸。

玻璃光泽，解理面呈珍珠光泽

颜色为白色，有时带浅灰、浅红色调

晶体呈细板状，集合体通常呈片状、放射状或纤维状

比重：2.87~3.09	解理：完全	断口：多片状

类别：硅酸盐　**成分：**$KNa_2Li(Fe^{2+}, Mn^{2+})_2Ti_2Si_8O_{24}$　**硬度：**5.0~6.0

柱星叶石

柱星叶石的晶体呈柱状，横截面呈正方形。颜色多为黑色，有时也为深红褐色。不透明，玻璃光泽。

成因：柱星叶石生成于蛇纹岩等中性深成岩，与蓝锥矿、钠沸石和硅钠钡钛石等伴生。

鉴定特征：柱星叶石不溶于盐酸，不熔。

比重：3.19~3.23	解理：完全	断口：贝壳状

类别：硅酸盐　**成分：**$Mg_3Si_2O_5(OH)_4$　**硬度：**2.5

纤蛇纹石

纤蛇纹石，是蛇纹石的一个变种，属于石棉矿物。集合体呈块状和纤维状，如果呈纤维状，还可剥离成柔软的纤维。颜色为白色、灰色、绿色、黄色或棕色等。半透明，丝质光泽到油脂光泽。

成因：纤蛇纹石形成于超基性岩蚀变成的蛇纹岩。

鉴定特征：纤蛇纹石可溶于盐酸。

比重：2.53	解理：无	断口：参差状

类别：硅酸盐　**成分：**$Mg_3Si_4O_{10}(OH)_2$　**硬度：**1.0

滑石

滑石属层状结构硅酸盐矿物，比较常见。集合体一般呈块状、叶片状、纤维状或放射状。它质地较软，用指甲就可在上面留下划痕，并且摸上去有滑腻感。颜色为白色、灰白色，但因含杂质而带其他颜色。用途广泛，可作耐火材料、绝缘材料、润滑剂、农药吸收剂、皮革涂料、化妆材料及雕刻用料等。

成因：滑石一般由富镁矿物经热液蚀变而成，常有橄榄石、顽火辉石、角闪石、透闪石等假象。

鉴定特征：滑石置水中不崩散。

呈扁平形、斜方形或不规则块状

颜色为白色、灰白色，但因含杂质而带其他颜色

它质地较软，用指甲就可在上面留下划痕，并且摸上去有滑腻手感

比重：2.58~2.83	**解理：**完全	**断口：**参差状

类别：硅酸盐　**成分：**$(Cu, Al)_2H_2Si_2O_5(OH)_4 \cdot nH_2O$　**硬度：**2.0~4.0

硅孔雀石

硅孔雀石，又名凤凰石，是水合的含铜硅酸盐矿物。集合体多呈皮壳状、葡萄状、纤维状或辐射状。常见颜色为绿色、浅蓝绿色，若含杂质则为褐色、黑色。陶瓷状外观，呈蜡状光泽或玻璃光泽，土状者则呈土状光泽。它可以提炼铜，但并不是重要的铜矿原料。

成因：硅孔雀石主要生成于热液型矿床，产在含铜矿床的氧化带中，常与孔雀石、蓝铜矿、赤铜矿、自然铜共生。此外，有时也是玉髓的重要内含物。

鉴定特征：硅孔雀石加热后，颜色会变成暗黑色。

集合体多以皮壳状、葡萄状、纤维状或辐射状出现

常见颜色为绿色、浅蓝绿色，若含杂质则为褐色、黑色

呈陶瓷状外观，呈蜡状光泽或玻璃光泽，土状者则呈土状光泽

比重：2.0~2.4	**解理：**无	**断口：**参差状至贝壳状

类别：硅酸盐　**成分：**Be_2SiO_4　**硬度：**7.5~8.0

硅铍石

硅铍石比较罕见，由于它经常与祖母绿和金绿宝石伴生在一起，因此常被人们当作宝石。集合体呈菱面体、菱面体短柱状或细粒状。常见颜色为无色、黄色、浅红色、褐色等。具有玻璃光泽。它的折射率很高，所以它的亮度也很高。

成因：硅铍石形成于热液矿脉和花岗岩中，如伟晶岩和云英岩，还形成于某些片岩中，并常与绿柱石、金绿宝石、黄玉、石英和磷灰石等伴生。

鉴定特征：硅铍石不溶于酸。

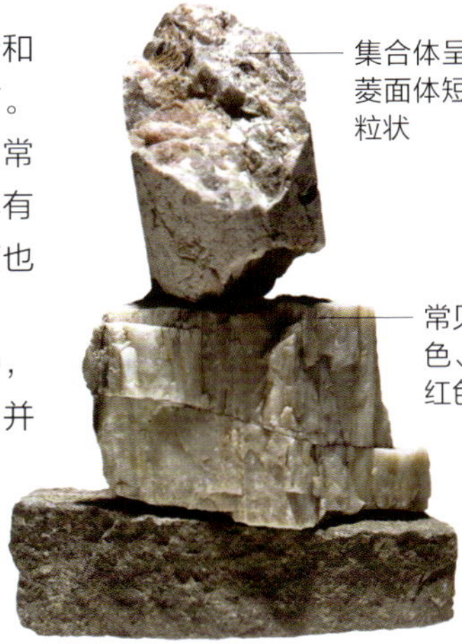

比重：2.93~3.00	**解理：**清楚	**断口：**贝壳状

类别：硅酸盐　**成分：**$Al_2Si_4O_{10}(OH)_2$　**硬度：**1.0~2.0

叶蜡石

叶蜡石是黏土矿物的一种。晶体呈扁长板状，集合体多呈叶片状、纤维状、放射状和片状块体，但一般以相似矿物集合体产出。常呈淡黄色、乳灰白色、灰绿色等，若含铁氧化物或汞，则呈褐红色或血红色，条痕白色。透明到半透明。触摸时有油脂感，蜡状光泽，新鲜面上呈珍珠光泽。

成因：叶蜡石形成于结晶状的片岩中，常与滑石、红柱石、硅线石和天蓝石共生；还形成于热液矿脉中，与云母和石英等共生。

鉴定特征：叶蜡石加热后会成片剥落；不溶于大多数酸，但在高温下能被硫酸分解。

比重：2.65~2.90	**解理：**完全	**断口：**参差状

类别： 硅酸盐　**成分：** $KAl_2(Si_3Al)O_{10}(OH,F)_2$　**硬度：** 2.5~4.0

白云母

白云母，又被称为普通云母、钾云母或云母，是云母的一种。它分布很广，在各种地质环境中均能形成。晶体常呈假六面形板状、片状或鳞片状。颜色从无色到白色，有时也呈绿色、棕色、黄色等，条痕为无色。具有玻璃光泽到丝绢光泽，解理面则呈珍珠光泽。透明至半透明。

成因： 白云母形成于岩浆岩中，尤其是花岗岩类的酸性岩，此外，还形成于变质岩和沉积岩中。

鉴定特征： 白云母不溶于酸。

具有玻璃光泽到丝绢光泽，解理面则呈珍珠光泽

晶体常呈假六面形板状、片状或鳞片状

透明至半透明

颜色从无色到白色，有时也呈绿色、棕色、黄色等，条痕为无色

比重： 2.77~2.88　**解理：** 完全　**断口：** 参差状

类别：硅酸盐　**成分：**$K(Li, Al)_3(Si, Al)_4O_{10}(F, OH)_2$　**硬度：**2.5~3.0

锂云母

锂云母比较常见，可以用来提炼锂。晶体呈板状，集合体则呈短柱形和细鳞片状。颜色为紫色到粉红色，也可浅至无色。具有珍珠光泽和玻璃光泽。

成因：锂云母一般只产于花岗伟晶岩中。

鉴定特征：锂云母易熔，并会发泡，以及生成深红色的锂焰。它不溶于酸，但熔化后，易受酸影响。

晶体呈板状，集合体则呈短柱形和细鳞片状

颜色为紫色到粉红色，也可浅至无色

具有珍珠光泽和玻璃光泽

比重：2.8~3.3	解理：完全	断口：参差状

类别： 硅酸盐　**成分：** $K(Mg, Fe^{+2})_3(Al, Fe^{+3})Si_3O_{10}(OH, F)_2$　**硬度：** 2.5~3.0

黑云母

黑云母是云母的一种，现被广泛应用于装饰涂料中。晶体多为短柱状或板状，集合体为鳞片状。颜色为黑色、深褐色，有时也带浅红、浅绿等色调，如果含钛呈浅红褐色，如果含高价铁则呈绿色，条痕为白色略带浅绿色。透明至不透明。玻璃光泽，黑色则呈半金属光泽，解理面呈珍珠光泽。

成因： 黑云母主要产于变质岩，花岗岩等其他岩石中也有存在，尤其是酸性或偏碱性的岩石中，大都含有黑云母。

鉴定特征： 黑云母受热后，略带磁性。此外，它还能被强酸腐蚀，腐蚀后，还会使其脱色。

颜色为黑色、深褐色，有时也带浅红、浅绿等色调，条痕为白色略带浅绿色

透明至不透明，玻璃光泽，解理面呈珍珠光泽

晶体主要为短柱状或板状，集合体为鳞片状

比重： 2.7~3.4　**解理：** 完全　**断口：** 参差状

蛭石

蛭石属于含镁铝的硅酸盐矿物，因形状似水蛭而得名。晶体呈扁平状。颜色一般为褐色、黄色、暗绿色，条痕为淡黄色，加热后变成灰色。半透明，为油脂光泽或玻璃光泽。它可用来作建筑材料、吸附剂、绝缘材料、润滑剂、土壤改良剂等。

成因： 蛭石主要由黑云母和金云母经低温热液蚀变作用或风化作用而成，常与石棉共生。

鉴定特征： 蛭石在灼烧时，体积会膨胀。

颜色一般为褐、黄、暗绿色，条痕为淡黄色，加热后变成灰色

半透明，为油脂光泽或玻璃光泽

晶体呈扁平状

比重：2.3　解理：完全　断口：参差状

类别：硅酸盐 成分：$Ca_2Al_2Si_3O_{10}(OH)_2$ 硬度：6.0~6.5

葡萄石

葡萄石，也被称为好望角祖母绿，属于硅酸盐矿物，颜色漂亮、质地通透的葡萄石可作宝石。它为非均质集合体，常呈板状、片状、葡萄状、肾状、放射状或块状。颜色从浅绿色到灰色，还有白、黄、红等色调，但以绿色最常见，黄色最稀有。透明至半透明，玻璃光泽。

成因： 葡萄石形成于热液蚀变，主要产在玄武岩和其他基性喷出岩的气孔和裂隙中，常与沸石类矿物、硅硼钙石、方解石和针钠钙石等共生。此外，岩浆岩内部的钙斜长石也可转变为葡萄石。

鉴定特征： 葡萄石在加热后熔解，并会发泡，且呈白色玻璃状。

颜色从浅绿到灰色，还有白、黄、红等色调，但以绿色最常见，黄色最稀有

集合体常呈板状、片状、葡萄状、肾状、放射状或块状

透明至半透明，玻璃光泽

比重：2.90~2.95 | 解理：清楚 | 断口：参差状

类别：硅酸盐　**成分：**$KCa_4Si_8O_{20}(F, OH) \cdot 8H_2O$　**硬度：**4.5~5.0

鱼眼石

鱼眼石的主要成分是钾、钙氟化物。晶体呈立方体或金字塔形体，还能形成晶簇。它具有多色性，呈深浅不同的颜色，常见的有无色、黄色、绿色、紫色和粉红色等。玻璃光泽至珍珠光泽。

成因：鱼眼石产于玄武岩、花岗岩、片麻岩中，常与沸石共生。

鉴定特征：鱼眼石在燃烧时，火焰呈紫罗兰色，在密闭的试管内加热后，还会释放水分；溶于盐酸。

晶体呈立方体或金字塔形体，还能形成晶簇

玻璃光泽至珍珠光泽

它具有多色性，呈深浅不同的颜色，常见的有无色、黄色、绿色、紫色和粉红色等

比重：2.3~2.5	**解理：**完全	**断口：**参差状

类别：硅酸盐　**成分：**$KAlSi_3O_8$　**硬度：**6.0~6.5

微斜长石

微斜长石是碱性长石，属于含钾铝的硅酸盐。晶体呈短柱状，集合体以块状产出。颜色从白色、灰色到米黄色、红色等，绿色的微斜长石称为天河石，有时也被当作宝石。半透明到透明，具有玻璃光泽，解理面微具珍珠光泽。

➲ **成因：**微斜长石广泛分布于酸性和中性侵入岩中，同时也构成了伟晶岩岩脉，常与石英、钠长石、云母、霞石等共生。

➲ **鉴定特征：**微斜长石只溶于氢氟酸，但务必小心使用；在火焰中燃烧不熔。

比重：2.55~2.63	**解理：**完全	**断口：**参差状

类别：硅酸盐　**成分：**（Na，Ca）$Al_{1-2}Si_{3-2}O_8$　**硬度：**6.0~6.5

培斜长石

培斜长石是斜长石的种类之一。晶体板状，集合体呈块状、致密状、粒状。颜色为白色、灰色、浅棕色、无色等，条痕白色。半透明到透明，具有玻璃光泽。

➲ **成因：**培斜长石是许多岩浆岩的重要组成部分，也见于某些变质岩中。

➲ **鉴定特征：**培斜长石溶于盐酸。

比重：2.72~2.74	**解理：**完全	**断口：**参差状至贝壳状

类别：硅酸盐　成分：$KAlSi_3O_8$　硬度：6.0

透长石

透长石是长石的一种，其主要成分是钾长石。晶体呈柱状或板状，常成双晶。颜色为无色、白色、绿色、蓝绿色、褐色、灰黑色等，这与它所含的微量元素及包裹体有关。透明至不透明，玻璃光泽，解理面上呈珍珠光泽。颜色均匀、质地透明的晶体，可作宝石。

成因：透长石形成于低温热液矿床，主要存在于粗面岩、响岩、石英二长安岩、钾质流纹岩、中酸性凝灰岩中。

鉴定特征：透长石不溶于大多数酸，但可完全溶解于氢氟酸。

比重：2.56~2.62	解理：完全	断口：贝壳状至参差状

类别： 硅酸盐　**成分：** $KAlSi_3O_8$　**硬度：** 6.0~6.5

正长石

正长石是重要的造岩矿物。晶体呈柱状或板状，双晶比较普遍，集合体则常呈块状、片状和粒状。颜色多为无色或白色，也有浅红色、黄色、灰色、绿色等，条痕白色。半透明到透明，玻璃光泽到珍珠光泽。

成因： 正长石广泛分布于酸、碱性的岩浆岩以及火山碎屑岩中，有时也分布于钾长片麻岩、花岗混合岩以及长石砂岩和硬砂岩中。

鉴定特征： 正长石不溶于钾盐，也不溶于任何酸。

比重：2.55~2.63	解理：完全	断口：参差状至贝壳状

类别：硅酸盐　**成分：**$(Na, Ca)_{7-8}(Al, Si)_{12}O_{24}[(SO_4), Cl_2(OH)_2]$　**硬度：**5.0~5.5

青金石

青金石的晶体呈十二面体、八面体或立方体，不过非常少见，通常呈致密块状、粒状集合体产出。它一般呈蓝色，其颜色由所含矿物的多少所决定，有深蓝色、紫蓝色、天蓝色、绿蓝色等，条痕呈浅蓝色。玻璃光泽至蜡状光泽。纯深蓝色、质地细腻、无裂纹、无杂质的青金石，可作装饰品。

成因：青金石形成于高温变质的石灰岩中，常存在于接触交代的矽卡岩型矿床。

鉴定特征：青金石具有荧光性；溶于盐酸，并会缓慢地释放出硫化氢。

集合体呈致密块状、粒状结构

一般呈蓝色，其颜色是由所含矿物的多少来决定，有深蓝色、紫蓝色、天蓝色、绿蓝色等，条痕呈浅蓝色

玻璃光泽至蜡状光泽

比重：2.4~2.5	**解理：**不完全	**断口：**参差状

方钠石

方钠石属于含钠、铝及氯的硅酸盐矿物。晶体呈菱形十二面体、立方十二面体、八面体，但在自然界中相当罕见，多以块状、粒状或结核状等集合体产出。它通常呈蓝色，少数为白色、绿色、红色、紫色、灰色等，条痕为白色或浅蓝色。半透明到不透明，一般呈玻璃光泽，但解理面呈油脂光泽。

成因：方钠石在自然界中较为罕见，主要产于霞石正长岩、粗面岩和响岩等火成岩或接触变质的硅卡岩中，常与霞石、白榴石、长石、锆石等矿物共生。

鉴定特征：方钠石中加入硝酸和硝酸银，可产生白色的氯化银沉淀；还溶于盐酸；在加热熔化时，会起泡，并变为无色的玻璃状；在紫外线照射下，常产生橙色或橙红色荧光。

晶体呈菱形十二面体、立方十二面体、八面体，但在自然界中相当罕见，多以块状、粒状或结核状等集合体产出

半透明到不透明，一般呈玻璃光泽，但解理面呈油脂光泽

通常呈蓝色，少数为白色、绿色、红色、紫色、灰色等

比重：2.14~2.40	**解理：**差	**断口：**参差状至贝壳状

霞石

霞石属于含铝和钠的硅酸盐矿物。晶体一般呈六方柱状、短柱状或厚板状，集合体则呈粒状或致密块状。颜色为无色或灰白色，因含杂质而呈浅黄色、浅绿色或浅红色等，条痕无色或白色。玻璃光泽，断口则呈明显的油脂光泽。它主要用于制作玻璃和陶瓷，也可用于提炼铝。

成因：霞石主要形成于与正长石有关的侵入岩、火山岩及伟晶岩中，常与含钠的碱性长石、碱性辉石、碱性角闪石等共生。

鉴定特征：霞石中加入氯化氢后，煮沸几分钟，残渣中将有胶状物出现。

晶体一般呈六方柱状、短柱状或厚板状，集合体则呈粒状或致密块状

玻璃光泽，断口则呈明显的油脂光泽

颜色为无色或灰白色，因含杂质而呈浅黄色、浅绿色或浅红色等，条痕无色或白色

比重：2.5~2.7	解理：不清楚	断口：贝壳状

类别：硅酸盐　成分：$Na_2Al_2Si_3O_{10} \cdot 2H_2O$　硬度：5.0~5.5

钠沸石

钠沸石属于含水的钠铝硅酸盐矿物。晶体为细长的玻璃状或纤维状，集合体以角锥状、纤维状、块状、粒状或致密状产出。颜色为无色或白色，有时也呈黄色至红晕色，条痕白色。透明至半透明，闪烁着玻璃光泽。

成因： 钠沸石形成于玄武岩的岩洞或缝隙中，常与霓辉石、钠长石、角闪石、石英等共生。

鉴定特征： 钠沸石易熔，熔化后呈透明珠体。

晶体为细长的玻璃状或纤维状块体，集合体以角锥状、纤维状、块状、粒状或致密状产出

颜色为无色或白色，有时也呈黄色至红晕色，条痕白色

透明至半透明，闪烁着玻璃光泽

比重：2.20~2.26　解理：完全　断口：参差状

类别：硅酸盐　成分：$NaCa_2Al_5Si_{13}O_{36}\cdot 14H_2O$　硬度：3.5~4.0

辉沸石

辉沸石属于铝硅酸盐矿物。晶体呈平行板状，但单独晶体很少，一般以片状、球状和放射状集合体产出。颜色为白色，有时也带淡黄色、淡褐色或淡红色等，条痕无色。半透明到透明，玻璃光泽或珍珠光泽。

成因： 辉沸石主要形成于玄武岩质的火山岩裂隙或气孔中，少数形成于变质岩、浅成岩或深成岩中，常与方解石、片沸石以及其他沸石共生。

鉴定特征： 辉沸石溶于盐酸。

晶体呈平行板状，但单独晶体者很少，一般以片状、球状和放射状集合体产出

半透明到透明，玻璃光泽或珍珠光泽

颜色为白色，有时也带淡黄色、淡褐色或淡红色等，条痕无色

比重：2.09~2.20　解理：完全　断口：参差状

类别： 硅酸盐　**成分：** $NaAlSi_3O_8$　**硬度：** 6.0~6.5

钠长石

钠长石比较常见，属于含钠铝的硅酸盐。晶体为脆性玻璃状物体，可用来制造玻璃和陶瓷。晶体呈扁平板状，集合体则常呈块状、粒状或片状。颜色一般为白色或无色，也有浅蓝色、灰色、浅绿色或浅红色等，条痕为白色。半透明到透明，玻璃至珍珠光泽。

成因： 钠长石常见于伟晶岩和长英质岩浆岩中，也见于低级变质岩中。

鉴定特征： 钠长石很难熔化，火焰呈黄色。

比重：2.60~2.63	解理：清楚	断口：参差状

类别： 硅酸盐　**成分：** $Mg_4Si_6O_{15}(OH)_2 \cdot 6H_2O$　**硬度：** 2.0~2.5

海泡石

海泡石是一种含水的硅酸镁黏土矿物，它会因吸水而变得柔软。集合体一般呈块状、土状或纤维状。颜色多变，一般呈淡白色或灰白色，也有暗灰色、黄褐色、玫瑰红色、浅蓝绿色等，条痕呈白色。不透明，但触感光滑且黏手。新鲜面为珍珠光泽，风化后为土状光泽。

成因： 海泡石形成于沉积作用或蛇纹岩蚀变，常与石棉共生。

鉴定特征： 海泡石溶于盐酸。

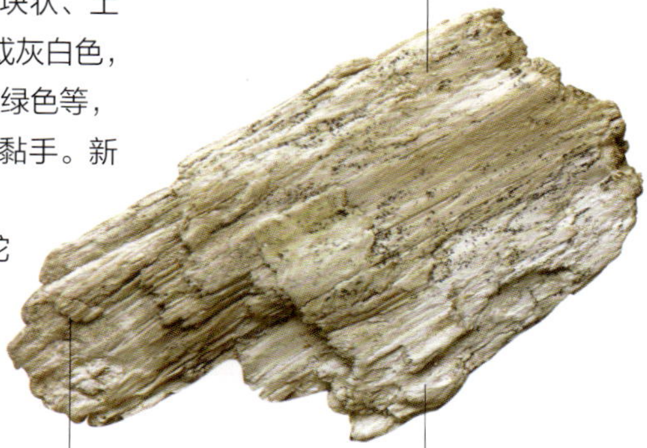

比重：2.0	解理：未定	断口：参差状

类别：硅酸盐 **成分：**$Al_2Si_2O_5(OH)_4$ **硬度：**2.0~2.5

高岭石

高岭石，又称高岭土，俗称瓷土，属于黏土矿物，可以用来制造陶瓷。隐晶质，集合体通常为片状、鳞片状、放射状等。一般为白色，但因含杂质而呈其他颜色，如浅灰色、浅绿色、浅黄色、浅红色等，条痕白色。光泽暗淡，呈蜡状或土状。

成因：高岭石主要形成于风化作用或低温热液交代作用，常见于岩浆岩和变质岩的风化壳中。

鉴定特征：高岭石在密闭试管内加热后会失去水分；灼烧后，可与硝酸钴作用，发生蓝色反应。

一般为白色，但因含杂质而呈其他颜色，如浅灰、浅绿、浅黄、浅红等， 条痕白色

隐晶质，集合体通常为片状、鳞片状、放射状等

光泽暗淡，呈蜡状或土状

比重：2.60~2.63 | **解理：**完全 | **断口：**参差状

类别：硅酸盐 **成分：**$LiAlSi_2O_6$ **硬度：**6.5~7.5

锂辉石

锂辉石属于含锂的矿物。晶体呈短柱状、粒状或板状，集合体呈板状、棒状，但也有致密的隐晶块体。颜色有灰白色、灰绿色、翠绿色、紫色或黄色等，条痕无色。微透明至透明。玻璃光泽，解理面还微带珍珠变彩。它可用于锂化工、玻璃、陶瓷等行业，有“工业味精”之称。

成因：锂辉石主要形成于富含锂的花岗伟晶岩中，常与石英、钠长石、微斜长石等共生。

鉴定特征：锂辉石在加热或被紫外线照射后会变色，在阳光下还会失去光泽。

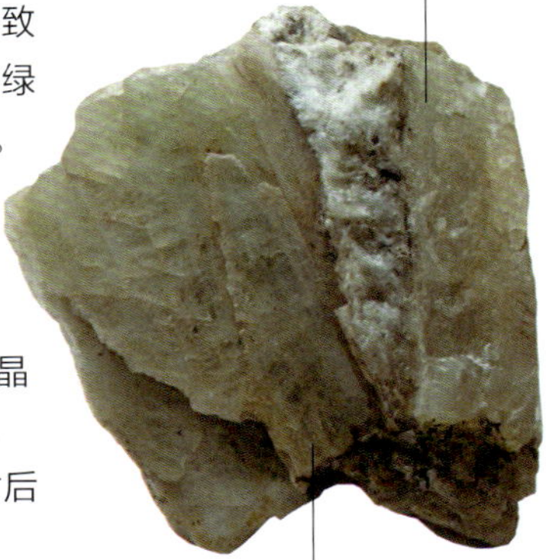

颜色呈灰白色、灰绿色、翠绿色、紫色或黄色等，条痕无色

晶体呈短柱状、粒状或板状，集合体呈板棒状，但也有致密的隐晶块体

比重：3.0~3.2 | **解理：**完全 | **断口：**参差状

类别：硅酸盐　**成分：**$BaTiSi_3O_9$　**硬度：**6.0~7.0

蓝锥矿

蓝锥矿属于含钡钛的硅酸盐矿物。晶体多呈柱状和板状。常见颜色为深蓝色、浅蓝色，有环形的浅蓝或白色色带。半透明到透明，玻璃光泽至亚金刚光泽。

成因：蓝锥矿主要形成于蛇纹岩中，常与柱晶石、钠沸石等伴生。

鉴定特征：蓝锥矿在短波紫外线照射下，会发出蓝色荧光；而无色的蓝锥矿在长波紫外线照射下，会发出暗淡的红光。

比重：3.68	解理：不完全	断口：贝壳状

类别：硅酸盐　**成分：**$Ca_{10}Mg_2Al_4(SiO_4)_5(Si_2O_7)_2(OH)_4$　**硬度：**6.0~7.0

符山石

符山石是一种硅酸盐矿物。晶体呈柱状，集合体常呈柱状、放射状、致密块状。常见颜色为黄绿色、棕黄色、浅蓝色、绿蓝色、灰色、白色等，含铬呈翠绿色，含钛、锰呈褐色或粉色，含铜则呈蓝色至蓝绿色。玻璃光泽。品质好的符山石可作宝石。

成因：符山石主要形成于接触交代作用，常出现在矽卡岩中。

鉴定特征：符山石不溶于酸。

比重：3.33~3.45	解理：不完全	断口：参差状至贝壳状

类别： 硅酸盐　**成分：** $Ca_2Al_3(SiO_4)(Si_2O_7)_3(OH)$　**硬度：** 6.0~7.0

黝帘石

黝帘石是帘石族的矿物，颜色鲜艳、质地透明者可作宝石。晶体呈柱状，通常晶面有纵纹，常见棒状、粒状、块状等集合体。颜色有无色、白色、灰色、绿色、棕黄色、黄色等。透明或半透明，玻璃光泽。

成因： 黝帘石常见于变质岩、沉积岩以及花岗岩中，形成于热液蚀变作用。

鉴定特征： 黝帘石不溶于酸。

比重： 3.10~3.55　**解理：** 不完全　**断口：** 贝壳状至参差状

类别： 硅酸盐　**成分：** $Na_2Ca_2Al_6Si_9O_{30}\cdot 8H_2O$　**硬度：** 5.0

中沸石

中沸石的晶体呈针状或纤维状，集合体通常呈放射状、致密块状或球粒状等。颜色为无色或白色，有时也呈淡黄至红色。透明，呈玻璃光泽或丝绢光泽。

成因： 中沸石常出现在玄武岩等喷出岩气孔中，并与其他沸石共生。

鉴定特征： 中沸石溶于酸，可产生凝胶，在密闭的试管内加热可析出水分。

比重： 2.2~2.3　**解理：** 完全　**断口：** 参差状

类别：硅酸盐　**成分：**$NaAlSi_2O_6 \cdot H_2O$　**硬度：**5.0~5.5

方沸石

方沸石比较常见，属于含水的钠铝硅酸盐矿物。晶体呈偏方三八面体、二十四面体和变立方体，集合体则呈块状、粒状和致密状等。一般为无色，也有白色、灰色、红色、浅黄色或浅绿色等，偶见粉红色、黄色或绿色，条痕白色。半透明到透明。玻璃光泽。

成因：方沸石产生于玄武岩、辉绿岩、花岗岩、片麻岩及洞穴中和碱性沉积湖底。

鉴定特征：方沸石溶于酸，在密闭的试管内加热，会有水分析出；易熔，火焰呈黄色。

比重：2.22~2.29	解理：不完全	断口：亚贝壳状至贝壳状

类别：硅酸盐　**成分：**$Al_7(BO_3)(SiO_4)_3O_3$　**硬度：**8.5

蓝线石

蓝线石晶体呈叶片状、针状、假六方状、纤维状或柱状，集合体呈束状。颜色为蓝色、紫罗兰色、粉红色或棕色，条痕为白色。半透明至透明，玻璃光泽或无光泽。

成因：蓝线石形成于粗粒的酸性岩中，尤其是富铝的变质岩及伟晶岩中。

鉴定特征：蓝线石不溶于任何酸性物质，将其置于火焰上也不熔。

比重：3.41	解理：良好	断口：参差状

类别： 硅酸盐　**成分：** Al_2SiO_5　**硬度：** 6.5~7.5

红柱石

红柱石是一种铝硅酸盐矿物，是制造火花塞的耐火材料，也是制作瓷器的原料。晶体一般呈柱状，横断面近似四方形，集合体则多呈放射状或粒状。颜色常呈粉红色、红色、红褐色、灰白色或浅绿色，蓝色、绿色、紫色则较少见，条痕为白色。透明，具有玻璃光泽。质量好、质地透明的红柱石可作宝石。

成因： 红柱石形成于低级热变质作用，常见于接触变质带的泥质岩中。

鉴定特征： 红柱石不溶于任何酸性物质，把它放在火焰上也不熔化。

比重： 3.13~3.16	**解理：** 清楚	**断口：** 参差状至亚贝壳状

类别： 硅酸盐　**成分：** $Na_3Al_6(BO_3)_3Si_6 \cdot O_{18}(OH,F)_4$　**硬度：** 7.0~7.5

黑电气石

黑电气石是含硼的硅酸盐矿物，是电气石的一种。晶体呈柱状，集合体呈棒状、放射状、束状、致密块状或隐晶质块状。颜色为黑色，呈玻璃光泽。

成因： 黑电气石主要形成于花岗伟晶岩及气成热液矿床中。

鉴定特征： 黑电气石不溶于酸。

比重： 3.0~3.2	**解理：** 不清楚	**断口：** 参差状至贝壳状

类别： 硅酸盐　**成分：** $Fe_3Al_2(SiO_4)_3$　**硬度：** 7.0~7.5

铁铝榴石

铁铝榴石的单晶呈六面体、八面体、十二面体、偏方锥面体以及它们的聚形，集合体呈粒状或致密块状。颜色为红色、橙红色、紫红色、褐色、黑色等，条痕白色。透明至半透明，具有玻璃光泽或油脂光泽。

成因： 铁铝榴石主要存在于片岩和片麻岩中，常与红柱石、硅线石和蓝晶石共生；有些存在于粒变岩中；还有些含锰较多，形成于伟晶花岗岩、花岗岩和流纹岩中。

鉴定特征： 铁铝榴石熔化后略带磁性。它的溶液蒸发后，会留下氧化硅的胶质。可溶于沸盐酸，而难溶于氢氟酸。

集合体呈粒状或致密块状

颜色为红色、橙红色、紫红色、褐色、黑色等，条痕白色

透明至半透明，具有玻璃光泽或油脂光泽

比重：4.1~4.3	解理：无	断口：参差状至贝壳状

类别：硅酸盐　**成分：**$Ca_3Al_2(SiO_4)_3$　**硬度：**6.5~7.0

钙铝榴石

钙铝榴石的集合体通常呈圆粒状或卵石状，晶体为十二面体和偏八面体。颜色为暗红色、紫红色、玫瑰红、红橙色等，这些取决于它所含的化学成分。不透明，部分为半透明，抛光面多为油脂光泽。

成因：钙铝榴石产于橄榄岩和金伯利岩等变质岩，以及高压下的岩浆岩。

鉴定特征：钙铝榴石不溶于酸。

比重：3.4~3.6	解理：无	断口：参差状至贝壳状

类别：硅酸盐　**成分：**$Al_3Be_2(SiO_4)_3$　**硬度：**6.5~7.5

石榴子石

石榴子石的晶体常呈菱形十二面体、四角三八面体或它们的聚形，集合体呈致密块状或粒状。颜色变化大，有深红色、红褐色、棕绿色、黑色等，随成分而定，其色彩鲜艳而透明者可作宝石。半透明，玻璃光泽至金刚光泽，断口为油脂光泽。

成因：石榴子石分布于基性岩、超基性岩、夕卡岩、片岩和片麻岩等岩石中。

鉴定特征：石榴子石不溶于酸。

比重：3.32~4.19	解理：无	断口：参差状

类别： 硅酸盐　**成分：** $Fe_3Al_6(BO_3)_3Si_6 \cdot O_{18}(OH, F)_4$　**硬度：** 7.0~7.5

铁电气石

铁电气石是电气石的一种，因其主要成分为铁而得名。晶体常呈柱状、针状，集合体呈棒状、放射状、小针状、致密块状或隐晶体状。透明至不透明，玻璃光泽。

成因： 铁电气石形成于花岗岩、伟晶岩以及一些变质岩中，常与绿柱石、锆石、石英、长石等矿物共生。

鉴定特征： 铁电气石不溶于任何酸性物质。

比重： 3.0~3.2　**解理：** 不清楚　**断口：** 参差状至贝壳状

类别： 硅酸盐　**成分：** $Li_3Al_6(BO_3)_3Si_6 \cdot O_{18}(OH, F)_4$　**硬度：** 7.0~7.5

锂电气石

锂电气石因其成分接近钠锂而又称钠锂电气石。早期形成的锂电气石呈长柱状，晚期形成的则呈短柱状，柱表面有纵纹，横切面呈弧线三角形。颜色一般为玫瑰色，也有绿色、蓝色、黄色等。

成因： 常见于花岗伟晶岩、热液矿脉和云英岩中。

鉴定特征： 锂电气石不溶于任何酸性物质。

比重： 3.0~3.2　**解理：** 不清楚　**断口：** 参差状至贝壳状

类别：硅酸盐　**成分：**$Mg_3Al_6(BO_3)_3Si_6 \cdot O_{18}(OH, F)_4$　**硬度：**7.0~7.5

镁电气石

镁电气石是电气石的一种，呈褐色，这是因为含有较多的镁，此外还含有较多的钠。为六方晶形，大多呈三角形或六角形的柱状，晶柱表面有纵向条纹，横断面则呈球面三角形，具有独特的色泽，有金棕色、深棕色或接近于黑色的深褐色。

成因：一般产于花岗伟晶岩及气成热液矿床中，也可形成于变质矿床中。

鉴定特征：镁电气石不溶于任何酸性物质。

比重：3.0~3.2	**解理：**不清楚	**断口：**参差状至贝壳状

类别：硅酸盐　**成分：**$KAlSi_3O_8$　**硬度：**6.0

透视石

透视石属于碱性长石类，为含水的铜硅酸盐矿物。晶体呈柱状或板状，常成双晶。颜色为绿色、蓝绿色等。透明到半透明，玻璃光泽。

成因：透视石形成于近地表的铜矿床，常与孔雀石、方解石、彩钼铅矿和异极矿等共生。

鉴定特征：透视石不溶于大多数酸，但完全溶于氢氟酸。

比重：2.56~2.62	**解理：**完全	**断口：**贝壳状至参差状

类别： 硅酸盐　**成分：** （Ca，Fe，Mn，Mg）$_3Al_2BSi_4O_{15}$（OH）　**硬度：** 6.0~7.0

铁斧石

铁斧石可作刻面宝石，但因易破损而多用于收藏。它是晶质体，晶体板状。具有强三色性，一般为紫色、粉红色、浅黄色、红褐色等，常见颜色则为褐色、紫褐色、紫色、褐黄色、蓝色等。半透明至透明，断口为玻璃光泽。

成因： 铁斧石形成于接触变质作用和交代作用，常与方解石、石英、阳起石等伴生。

鉴定特征： 铁斧石会在氢氟酸溶液中缓慢溶解，但要慎与盐酸接触。

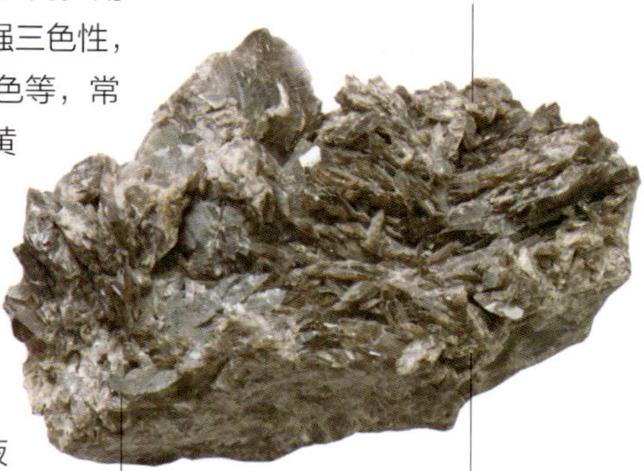

比重：2.5	解理：清楚	断口：贝壳状或阶梯状

类别： 硅酸盐　**成分：** $CaB_2(SiO_4)_2$　**硬度：** 7.0

赛黄晶

赛黄晶晶体常呈短柱状，晶面有纵纹，还能形成晶簇，集合体则呈块状或粒状。颜色有粉色、黄色、淡紫色、褐色、灰色等，有些带有条纹。不透明，但也有少数呈透明状态，玻璃光泽。

成因： 赛黄晶形成于变质灰岩和低温热液矿脉中，常与微斜长石、正长石共生。

鉴定特征： 赛黄晶在长、短波紫外照射下，可发蓝色荧光。

比重：3.0	解理：不清楚	断口：半贝壳状

类别：硅酸盐　成分：$Ca_2(Mg,Fe)_5Si_8O_{22}(OH)_2$　硬度：5.0~6.0

阳起石

阳起石属于硅酸盐矿物。晶体为扁平柱状、粒状或针状，集合体为不规则块状、扁长条状或短柱状。断面凹凸不平，呈纤维状、多片状或细柱状。颜色为灰绿色至暗绿色。透明至不透明，具有玻璃光泽。阳起石有药用价值，可温肾补阳。

成因： 阳起石产生于片麻岩、千枚岩中，常与滑石、石棉、蛇纹石等共生。

鉴定特征： 阳起石不溶于酸。

晶体为扁平柱状、粒状或针状，集合体为不规则块状、扁长条状或短柱状

透明至不透明，具有玻璃光泽

颜色为灰绿色至暗绿色

比重：3.00~3.44　解理：完全　断口：参差状至贝壳状

类别：硅酸盐　成分：$Na_3(Fe^{2+}, Mg)_4Fe^{3+}Si_8O_{22}(OH)_2$　硬度：5.0

钠闪石

钠闪石因形似石棉，因此又被称为蓝石棉或线石棉。它属于闪石的一种，含有钠、铝、铁等矿物元素。晶体呈细丝状。颜色为暗蓝色或暗黑色。光泽柔和，一般呈玻璃光泽。

成因：钠闪石形成于岩浆岩和片岩，常与花岗岩、正长岩共生。

鉴定特征：钠闪石不溶于酸。

比重：3.32~3.38	解理：良好	断口：参差状至贝壳状

类别：硅酸盐　**成分：**$(Na, Ca, K)_4Al_3(Al, Si)_3Si_6O_{24}(Cl, F)$　**硬度：**5.5~6.0

方柱石

方柱石属于碱性含铝的硅酸盐矿物，如果色彩鲜艳还可作宝石。晶体呈柱状，晶面有纵纹，集合体则呈粒状、不规则柱状或致密块状。常见颜色有无色、粉红、橙色、黄色、绿色、蓝色、紫色、紫红色等，条痕无色。不透明至透明，具有玻璃光泽。

成因：方柱石形成于含钙的变质岩中，常见于岩浆岩与石灰岩或白云岩的接触交代矿床中，常与石榴石、透辉石、磷灰石等共生。

鉴定特征：方柱石在盐酸中可被分解，分解后形成胶状体；它在紫外线下还会发出荧光。

比重：2.50~2.78	解理：清楚	断口：参差状至贝壳状

类别：硅酸盐　**成分：**$K(Fe^{2+}, Mg, Fe^{3+})_8(Si, Al)_{12}(O, OH)_{27}$　**硬度：**2.0~3.0

绿泥石

绿泥石是具有层状结构的硅酸盐矿物。晶体呈假六方片状或板状，集合体呈鳞片状、土状。颜色呈深灰色、浅绿色或黑绿色等，其颜色会随含铁量的不同而不同。半透明，玻璃光泽至无光泽，解理面则可呈珍珠光泽。

成因：绿泥石形成于区域变质作用形成的岩石中，如片岩和千枚岩，还可形成于伟晶岩中，常与白云母、绿泥石、石榴子石、十字石和蓝晶石伴生。

鉴定特征：玻璃光泽，解理面上可见珍珠光泽；石质坚硬致密，触感佳。

比重：2.6~3.3	解理：完全	断口：参差状

类别：硅酸盐　**成分：**$Be_3Al_2Si_6O_{18}$　**硬度：**7.0~8.0

海蓝宝石

海蓝宝石是绿柱石的一种。晶体为六方柱或六方双锥，集合体则多呈柱状。颜色为天蓝色至海蓝色，这是因为它含微量的二价铁离子（Fe^{2+}），其中以光洁、无杂质以及颜色明亮者为最佳。透明至半透明。

成因：海蓝宝石主要存在于钠长石化伟晶岩矿床中。

鉴定特征：海蓝宝石很难熔化，熔化时边缘会出现小碎片。

晶体为六方柱，或六方双锥，集合体则多呈柱状

颜色为天蓝色至海蓝色

透明至半透明

比重：2.6~2.9 | **解理：**不清楚 | **断口：**参差状至贝壳状

类别： 硅酸盐　**成分：** $LiAlSi_2O_6$　**硬度：** 6.5~7.5

绿锂辉石

绿锂辉石属于含铬的锂辉石变种，也被称为翠铬锂辉石。晶体柱状，柱面上有纵纹。颜色变化很大，有黄绿色、绿色、深绿色、带蓝色调的绿或祖母绿色等，条痕白色。半透明至透明，具有玻璃光泽。

成因： 绿锂辉石形成于花岗伟晶岩，常与长石、白云母、黑云母、锂云母、石英、铌铁—钽铁矿、绿柱石、电气石和黄玉共生。

鉴定特征： 绿锂辉石不能溶解，但可熔化。

比重：3.0~3.2	解理：完全	断口：参差状

类别： 硅酸盐　**成分：** $K(Li, Fe^{2+}, Al)_3[(Si, Al)_4O_{10}](F, OH)_2$　**硬度：** 2.0~3.0

铁锂云母

铁锂云母含有氧化锂，可以用来提取锂。它的晶体呈板状，集合体通常呈片状。颜色为淡黄色或褐绿色。半透明至透明，具有玻璃光泽。

成因： 铁锂云母产于云英岩、伟晶岩以及高温热液脉中。

鉴定特征： 铁锂云母不溶于酸，且燃烧时火焰呈红色。

比重：2.5~3.0	解理：完全	断口：参差状

类别： 硅酸盐　**成分：** $KAlSi_3O_8$　**硬度：** 6.0~6.5

冰长石

冰长石属于长石，如果长石中钾铝硅酸盐含量大于80%，就会形成冰长石。晶体为柱状，双晶。颜色为无色。透明，具有玻璃光泽。

成因： 冰长石形成于长英质深成岩低温脉中，以及结晶片岩的洞穴中。

鉴定特征： 冰长石只溶于氢氟酸。

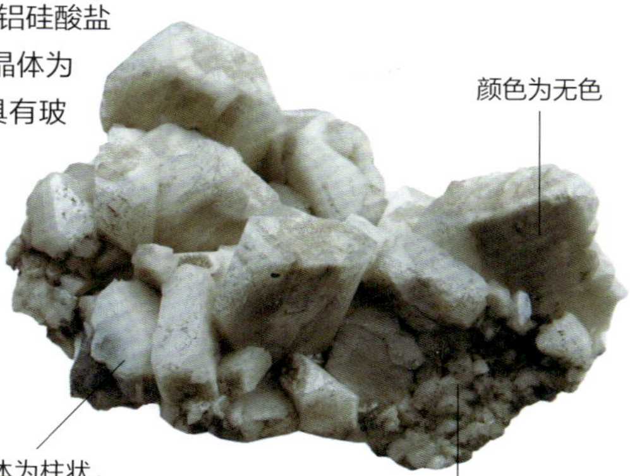

比重：2.55~2.63	解理：完全	断口：参差状

类别： 硅酸盐　**成分：** $Mn_3Al_2(SiO_4)_3$　**硬度：** 6.5~7.5

锰铝榴石

锰铝榴石是石榴子石中的重要品种之一。因成分不同而颜色不同，主要有褐红色、红色、绿色等，其中以橙红色、橙黄色为佳，而橙红色则是红色榴石中的上品。晶体多为菱形十二面、四角三八面体及它们的聚形。玻璃至树脂光泽，透明至半透明。它还有似羽毛状的液体包裹体。

成因： 锰铝榴石产于花岗质伟晶岩中，常与烟晶等共生。

鉴定特征： 锰铝榴石只溶于氢氟酸。

比重：3.59~4.50	解理：无	断口：贝壳状

■ **类别：** 硅酸盐　**成分：** $KAlSi_3O_8$　**硬度：** 6.0~6.5

天河石

天河石属于长石的一种，为微斜长石的蓝绿色变种，似翡翠，因此，可用来代替翡翠。颜色为蓝色、翠绿色、蓝绿色等，具有绿色和白色的网格状色斑。透明度较差，一般为半透明至不透明。

➲ **成因：** 天河石产于火山岩中。

➲ **鉴定特征：** 天河石易碎裂。

颜色为蓝色、翠绿色、蓝绿色等

透明度较差，一般为半透明至不透明

具有绿色和白色的网格状色斑

比重： 2.55~2.63　**解理：** 完全　**断口：** 参差状

类别：硅酸盐　成分：$Ca_3Fe_2(SiO_4)_3$　硬度：6.6~7.5

黄榴石

黄榴石因含钙、铁而呈黄色，故得名。晶体呈十二面体、偏方锥面体、六八面体及它们的聚形。颜色为淡黄色至深黄色，条痕为白色。玻璃光泽、油脂光泽到金刚光泽，透明到半透明。

成因：黄榴石主要形成于接触变质的石灰岩和大理岩中；部分也形成于正长岩、蛇纹岩和绿泥石片岩中，常与长石、霞石、白榴石、绿帘石和磁铁矿共生。

鉴定特征：黄榴石熔化后有磁性，并可溶于沸盐酸，在溶液蒸发后，还会残留下胶质氧化硅。

比重：3.5~4.3	解理：无	断口：贝壳状

类别：硅酸盐　成分：$K[Li_{2-x}Al^{1+}x(Al_{2x}Si_{4-2x}O_{10})F_2]$　硬度：2.0~3.5

丁香紫玉

丁香紫玉是在中国新发现的一个玉石品种，因颜色呈丁香花般的紫色而得名。颜色为玫瑰色、丁香紫色、紫罗兰色等。它的主要成分是锂云母，此外，还含有锂辉石、钠长石、石英和铯榴石等。晶体呈鳞片状，集合体常呈厚板状或短柱状。透明及微透明。

成因：丁香紫玉形成于钠锂型花岗伟晶岩脉中，常与钠长石、艳镏石、锂辉石、石英等共生。

鉴定特征：丁香紫玉没有荧光性。

比重：2.5~3.0	解理：完全	断口：参差状

拉长石

拉长石，又称光谱石，因闪耀着七彩光芒而得名，是斜长石的一种。它比较常见，一般可作装饰材料，但有些因带有美丽晕彩而被当作宝石，在中国古代，还被用来制作“玉玺”。晶体多呈板状或柱状。颜色为灰色、褐色、红色、绿色、黄色或黑色等。玻璃光泽，透明或微透明。

成因：拉长石能形成于各种中性、基性和超基性岩中，常出现在辉长岩、苏长岩、玄武岩、粒玄岩等岩石中，常与紫苏辉石伴生。

鉴定特征：拉长石燃烧时，火焰呈红色，且不溶于酸。

比重：2.55~2.76	解理：完全	断口：参差状

类别：硅酸盐　**成分：**$Ca_2Cu_2(H_2O)2(Si_3O_{10})$　**硬度：**5.0~5.6

水硅铜钙石

水硅铜钙石的晶体通常呈板状。颜色为非常漂亮的深铜蓝色。具有玻璃光泽，半透明。

成因：水硅铜钙石产于矽卡岩，常与鱼眼石、自然铜及含铜硫化物共生。

鉴定特征：水硅铜钙石溶于酸。

比重：3.2　**解理：**完全　**断口：**参差状

类别：硅酸盐　**成分：**$Mg_3Al_2(SiO_4)_3$　**硬度：**7.0~7.5

镁铝榴石

镁铝榴石是含镁铝的石榴子石。晶体呈十二面体或偏方三八面体，上面还能看见生长纹，集合体则常呈圆粒状。颜色有淡褐红色至淡紫红色，主要为浅黄红色、深红色、紫红色和红色等，条痕为白色。半透明到透明，玻璃光泽。

成因：镁铝榴石主要形成于超基性岩和残破的积砂矿中。

鉴定特征：镁铝榴石几乎不溶于酸，但易熔。

比重：3.62~3.87　**解理：**无　**断口：**贝壳状

类别：硅酸盐　**成分：**$(Fe, Mg, Zn)_2Al_9(Si, Al)_4O_{22}(OH)_2$　**硬度：**7.0~7.5

十字石

十字石是指具有岛状结构的硅酸盐矿物，因外形似十字而得名。晶体粗大，呈短柱状，集合体呈鳞状或薄板状。颜色为棕红色、红褐色、淡黄褐色或黑色等。半透明至不透明，玻璃光泽，含杂质时则暗淡无光或呈土状光泽。颜色明亮、质地通透的十字石可制成装饰品。

成因：十字石由富含铁、铝的泥质岩石经区域变质作用而形成，主要见于云母片岩、千枚岩、片麻岩中，常与蓝晶石、白云母、石榴子石和石英等变质矿物伴生。

鉴定特征：十字石质地硬而脆。

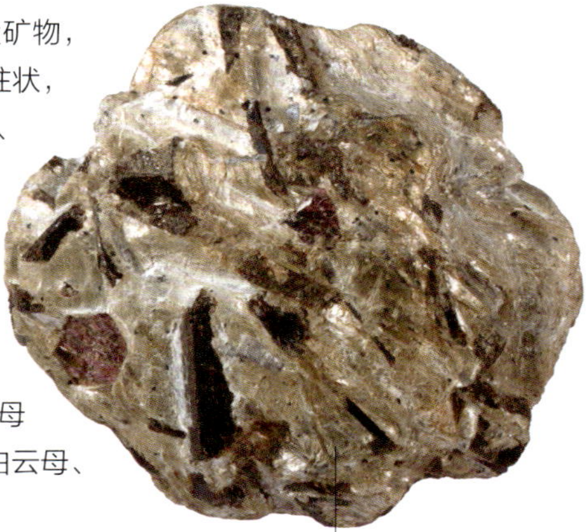

颜色为棕红色、红褐色、淡黄褐色或黑色等

晶体粗大，呈短柱状，集合体呈鳞状或薄板状

半透明至不透明，玻璃光泽，含杂质时则暗淡无光或呈土状光泽

比重：3.65~3.83　**解理：**清楚　**断口：**参差到贝壳状

类别：硅酸盐　**成分：**$CaTiSiO_5$　**硬度：**5.0~5.5

榍石

榍石是指具有岛状结构的硅酸盐矿物，也是重要的造岩矿物。它可以提炼钛，也可以作宝石。晶体呈片状、楔形或柱状，集合体则呈片状和致密块状。颜色有黄色、褐色、绿色、黑色、红色等，深褐色榍石经热处理后，可变成橙色或红褐色。透明到半透明，油脂光泽至亚金刚光泽。

成因：榍石常见于岩浆岩中，也见于碱性伟晶岩中。

鉴定特征：榍石溶于硫酸。

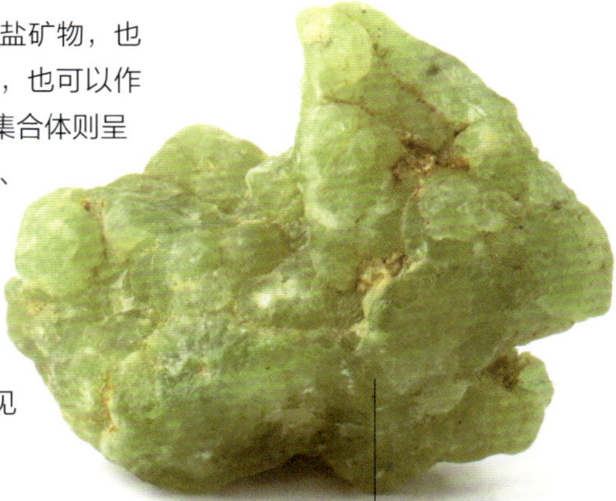

晶体呈片状、楔形或柱状，集合体则呈片状和致密块状产出

颜色有黄色、褐色、绿色、黑色、红色等，深褐色榍石经热处理后，可变成橙色或红褐色

透明到半透明，油脂光泽至亚金刚光泽

比重：3.45~3.55	解理：清楚	断口：贝壳状

顽火辉石

顽火辉石属于斜方辉石。晶体呈柱状，双晶，但完好的晶体比较少见，集合体以块状、纤维状或片状产出。颜色为无色、灰色、绿色、褐色等，条痕无色或灰色。玻璃光泽，透明至微透明。

成因：顽火辉石主要形成于基性和超基性岩，也形成于层状侵入岩、岩浆岩、变质岩等中。

鉴定特征：顽火辉石不溶于任何酸性物质。

晶体呈柱状，双晶，但完好的晶体比较少见，集合体以块状、纤维状或片状产出

玻璃光泽，透明至微透明

颜色为无色、灰色、绿色、褐色等

比重：3.2~3.4	解理：良好	断口：参差状

类别：硅酸盐　成分：$(Ca, Na)(Mg, Fe, Al, Ti)(Si, Al)_2O_6$　硬度：5.0~6.0

普通辉石

普通辉石比较常见，其成分有钙、镁、铁、钛和铝等。晶体常呈短柱状，集合体呈致密粒状、粒状、放射状或块状。颜色为黑绿色或褐黑色，条痕为浅绿色或黑色。不透明，具有玻璃光泽。

成因：普通辉石主要产于基性和超基性岩中，有时也产于中性岩、酸性岩以及某些结晶片岩中，常与橄榄石、基性斜长石等共生。

鉴定特征：普通辉石不溶于酸。

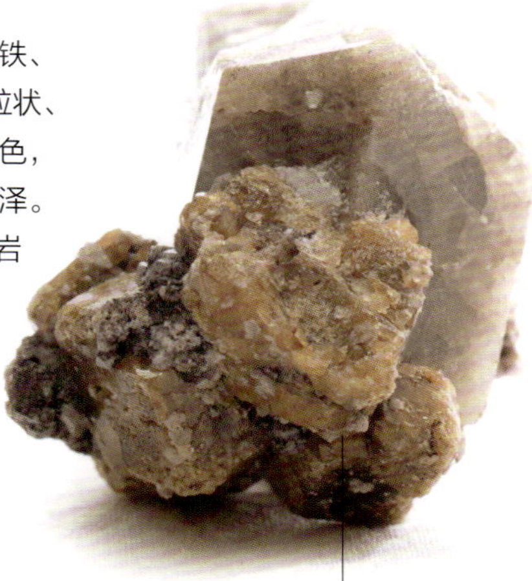

晶体常呈短柱状，集合体呈致密粒状、粒状、放射状或块状

颜色为黑绿色或褐黑色，条痕为浅绿色或黑色

不透明，具有玻璃光泽

比重：3.23~3.52　解理：完全　断口：参差状至贝壳状

蔷薇辉石

蔷薇辉石，又名玫瑰石，主要用来作装饰石料、饰品及雕塑材料。晶体为板状或板柱状，集合体为粒状或块状。颜色为玫瑰红色至棕红色，氧化后呈黑色，条痕为灰色或黄色。半透明至不透明，具有玻璃光泽至珍珠光泽，解理面有时也呈珍珠光泽。

成因：蔷薇辉石常见于含锰的经区域变质或接触交代变质的岩石中，常与钙蔷薇辉石、菱锰矿、石榴石共生；有时也见于伟晶岩和热液矿床中，常与其他锰矿物、硫化物等共生。

鉴定特征：蔷薇辉石遇酸不起泡。

晶体为板状或板柱状，集合体为粒状或块状

颜色为玫瑰红色至棕红色，氧化后呈黑色

半透明至不透明，具有玻璃光泽至珍珠光泽，解理面有时也呈珍珠光泽

比重：3.40~3.75	解理：完全	断口：不平坦

类别： 硅酸盐　**成分：** $KMg_3Si_3Al_{10}(OH,F)_2$　**硬度：** 2.0~2.5

金云母

金云母是一种含铁、镁和钾的铝硅酸盐矿物。晶体呈柱状和假六方板状，集合体以板状和鳞状产出。颜色为无色、黄棕色、棕红色、浅绿色或白色等，条痕为无色。半透明到透明，具有玻璃光泽至半金属光泽，有时解理面也呈珍珠光泽。

成因： 金云母形成于富镁石灰岩与岩浆岩的接触变质带中，常与透辉石、镁橄榄石等共生。

鉴定特征： 金云母溶于浓硫酸，并会产生乳状溶液。

颜色为无色、黄棕色、棕红色、浅绿色或白色等

半透明到透明，具有玻璃光泽至半金属光泽，有时解理面也呈珍珠光泽

晶体呈柱状和假六方板状，集合体以板状和鳞状产出

比重：2.76~2.90	解理：完全	断口：参差状

类别： 硅酸盐　**成分：** $(Ni,Mg)_6Si_4O_{10}(OH)_8$　**硬度：** 2.0~4.0

硅镁镍矿

硅镁镍矿的晶体为片状，有时也以微晶皮壳状和块状产出，集合体呈致密块状和钟乳状，有时也呈细粉状。颜色为绿色、浅绿色或白色等，尤其是鲜绿色为它所特有，条痕则为浅绿色。半透明至透明，半玻璃光泽。它可用来提炼镍和制造镍钢、镍黄铜、镍青铜等。

成因： 硅镁镍矿是由岩浆岩中的硫化镍经热液蚀变而成。

鉴定特征： 硅镁镍矿不熔。

晶体为片状，有时也以微晶皮壳状和块状产出，集合体呈致密块状和钟乳状，有时也呈细粉状

颜色为绿色、浅绿色或白色等，尤其是鲜绿色为它所特有

半透明至透明，半玻璃光泽

比重：2.3~2.5	解理：无	断口：裂片状

类别： 硅酸盐　**成分：** $(K, Na)_3(Fe, Mn)_7Ti_2Si_8O_{24}(O, OH)_7$　**硬度：** 3.0~4.0

星叶石

星叶石的晶体为柱状或板状，集合体呈放射星状。颜色为黄铜色至金黄色，条痕为浅绿棕色。半透明，半金属光泽至珍珠光泽。

成因： 星叶石常见于流霞正长岩等碱性岩中，常与榍石、霓石、钠铁闪石、异性石、针钠钙石等共生。

鉴定特征： 星叶石微溶于酸；易熔，可生成带弱磁性的深色玻璃状物质。

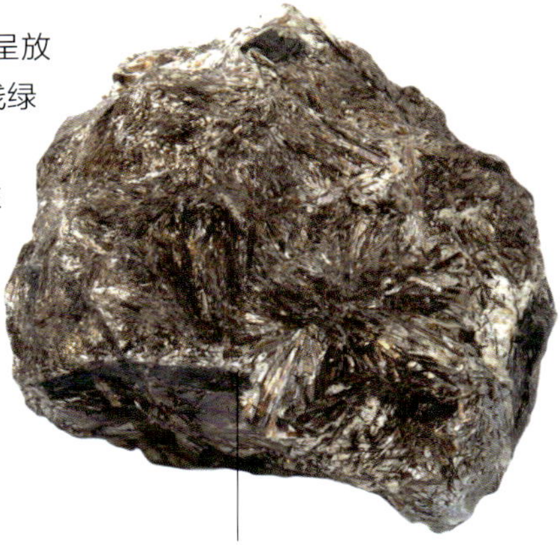

晶体为柱状或板状，集合体呈放射星状

颜色为黄铜色至金黄色，条痕为浅绿棕色

半透明，半金属光泽至珍珠光泽

比重： 3.28~3.30　**解理：** 完全　**断口：** 参差状

类别：硅酸盐　**成分：**（Na，Ca）$Al_{1-2}Si_{2-3}O_8$　**硬度：**6.0~6.5

中长石

中长石是斜长石的一种。晶体呈柱状或板状，多为聚片双晶，集合体则多为柱状、板状或细粒状。颜色为白色、灰色或无色等，有时微带浅蓝色、浅绿色，条痕为白色。半透明至透明，新鲜晶面则呈玻璃光泽。

成因：中长石形成于中性岩和变质岩中，如安山岩和角闪岩。

鉴定特征：中长石燃烧时呈黄色或砖红色。

比重：2.60~2.76 | **解理：**完全 | **断口：**参差状至贝壳状

类别：硅酸盐　**成分：**$LiAlSi_4O_{16}$　**硬度：**6.0~6.5

透锂长石

透锂长石是架状硅酸盐矿物。晶体较小，常呈双晶，但比较罕见，常见的则是大型劈裂块体。颜色为白色、灰色、黄色或无色等，偶见粉红色，条痕为白色。半透明至透明，玻璃光泽，解理面呈珍珠光泽。可提取锂，是制作陶瓷和特种玻璃的原料。

成因：透锂长石主要形成于花岗伟晶岩中，常与锂辉石、绝榴石、彩色电气石等共生。

鉴定特征：透锂长石不溶于酸；易熔，燃烧时，火焰为深红色。

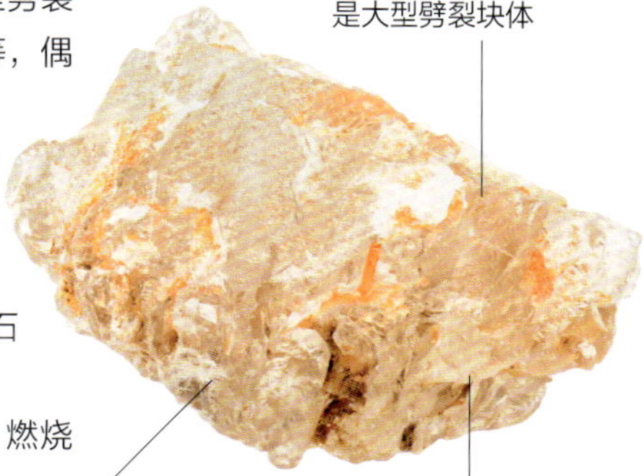

比重：2.3~2.5 | **解理：**完全 | **断口：**亚贝壳状

第二章
岩石

岩石是构成地壳的基础，
根据成因分为岩浆岩、沉积岩、变质岩。
岩浆岩是由喷出地表的岩浆结晶而成，
沉积岩是组成先成岩的颗粒经过风化、
侵蚀和堆积形成的碎屑沉积物，
而变质岩则是由岩浆岩和沉积岩经高温
高压的变质作用而成。

粉红花岗岩

粉红花岗岩是花岗岩的一种，由长石、石英、黑白云母等组成。颜色较浅，常见的有灰白色、肉红色等。其结构均匀、质地坚硬、外表美观，是制作墙砖和地铺的理想材料。

- 成因：粉红花岗岩形成于地壳深处。
- 结构：晶体颗粒大于 5 毫米。

结构均匀

颜色较浅，常见的有灰白色、肉红色等

质地坚硬

分类：酸性　产状：深成岩体　颜色：浅色

类别：岩浆岩　**形成：**侵入　**粒度：**粗粒

白色花岗岩

白色花岗岩的主要成分是钾长石（正长石和微斜长石），此外，还含钠斜长石，颜色为白色；又由于它含黑云母和角闪石，因此，其表面有斑点。

- **成因：**白色花岗岩形成于深成环境。
- **结构：**粗粒。

分类：酸性	**产状：**深成岩体	**颜色：**浅色

类别：岩浆岩　　形成：侵入　　粒度：中粒

白色微花花岗岩

白色微花花岗岩含有深色黑云母和浅色白云母，而聚集的黑云母，则使它的颜色变深。

成因： 白色微花花岗岩形成于伟晶岩外缘，也形成于中等深度的小型岩浆侵入。

结构： 晶体小，0.5~5.0 毫米，颗粒大小均匀，但很多晶体呈他形。

聚集的黑云母，使它的颜色变深

灰色石英

它含有深色黑云母和浅色白云母

分类：酸性	产状：岩脉、矿床	颜色：浅色、中等

类别：岩浆岩　**形成：**侵入　**粒度：**粗粒

辉长岩

辉长岩分布较广，属于基性深层侵入岩。它主要由辉石和富钙斜长石组成，此外，还含有橄榄石、角闪石、黑云母、石英、正长石以及含铁氧化物等。颜色为灰黑色。中粒至粗粒，常为块状构造，也有层状构造。

- **成因：**辉长岩形成于深成侵入体。
- **结构：**等粒岩石。

分类：基性	**产状：**深成岩体	**颜色：**中等

类别：岩浆岩　**形成：**喷出　**粒度：**细粒

流纹岩

流纹岩属于岩浆岩，其矿物成分与花岗岩相同，常含石英和碱性长石。由于熔岩在快速冷凝的过程中产生玻璃，因此，会产生气孔和杏仁子。晶体为方形板状。玻璃光泽，有节理。颜色为灰色、粉红色或砖红色等。

➲ **成因：**流纹岩由黏稠的熔岩冷凝而成。

➲ **结构：**基质晶体微小，肉眼难以辨认。常含斑晶，呈斑状结构。

分类：酸性	**产状：**火山	**颜色：**浅色

类别：岩浆岩　**形成：**喷出　**粒度：**极细粒

黑曜岩

黑曜岩属于酸性玻璃质火山岩的一种，其矿物成分与花岗岩相似，但含水量较少（<2%）。通常呈黑色，但如果含氧化铁，就会呈红色或褐色，如果含微小的气泡，则会呈金黄色。非晶质，没有节理，玻璃光泽。可作装饰品和工艺品。

成因：黑曜岩由黏稠的酸性熔岩快速冷凝而成。

结构：玻璃质，偶见石英和长石斑晶。断裂后形成贝壳状锐利断口。

分类：酸性	**产状：**火山	**颜色：**暗色

雪花黑曜岩

黑曜岩由火山岩浆流到地面后快速冷却而形成，属于非纯晶质的宝石。雪花黑曜岩是黑曜岩的一种，当组成黑曜岩的玻璃不透明时，会在岩石表面形成独特的灰白色“雪花”。

成因： 雪花黑曜岩熔岩迅速冷凝形成。

结构： 雪花黑曜岩呈白色微晶斑。

颜色较暗，为灰黑色

极细粒，呈白色微晶斑

当组成黑曜岩的玻璃不透明时，会在岩石表面形成独特的灰白色“雪花”

分类：酸性	产状：火山	颜色：暗色

玄武岩

玄武岩是一种基性火山岩。它的主要矿物成分是基性长石和辉石，此外，还含有橄榄石、角闪石及黑云母等。颜色多为黑色、黑褐色或暗绿色等。质地致密，比重较大，但有些玄武岩的气孔特别多，重量也很轻，甚至可以在水中浮起来。

成因： 玄武岩形成于极厚的熔岩层中，是海底的主要构成岩石。

结构： 玄武岩的颗粒很小，即使在放大镜下也很难看清。

质地致密，颗粒很小，即使在放大镜下也很难看清

颜色多为黑色、黑褐色或暗绿色等

比重较大，一般较重，但有些玄武岩气孔特别多，因此重量减轻，甚至可以在水中浮起来

分类：基性	产状：火山	颜色：暗色

杏仁状玄武岩

玄武岩的结晶情况，主要取决于火山喷出地表的岩浆冷却速度。缓慢冷却可生成长毫米的晶体；迅速冷却则可生成细小的针状、板状晶体或非晶质的玻璃状物。杏仁状玄武岩具有杏仁子结构，这些杏仁子是被矿物填充的气孔，填充物常为玛瑙状的沸石和石英。

- 成因：杏仁状玄武岩由熔岩冷凝而成。
- 结构：杏仁子结构。

常见的颜色多为黑色、黑褐色或暗绿色等

具有杏仁子结构，这些杏仁子是被矿物填充的气孔，填充物常为玛瑙状的沸石和石英

质地致密

分类：基性　产状：火山　颜色：暗色

多孔状玄武岩

多孔状玄武岩是具有泡沫状结构的岩石。它的主要矿物成分为二氧化硅、三氧化二铝、氧化铁、氧化钙、氧化镁等，其中二氧化硅含量最多，约占45%~50%。它充满气孔，且多呈斑状。

成因：多孔状玄武岩由熔岩冷凝而成。

结构：充满气孔。

它的主要成分为二氧化硅

充满气孔，呈泡沫状结构，且多呈斑状

常见的颜色多为黑色、黑褐色或暗绿色等

分类：基性	**产状：**火山	**颜色：**暗色

浮石

浮石，又称轻石或浮岩，属于玻璃质酸性火山喷出岩，其成分与流纹岩相似。它的气孔体积占岩石体积的 50% 以上。因孔隙多、质量轻、密度小，且能浮于水面而得名。

成因： 浮石伴随着火山喷发形成泡沫状的熔岩。

结构： 浮石具有高度渣状结构，带有许多空洞和孔隙。

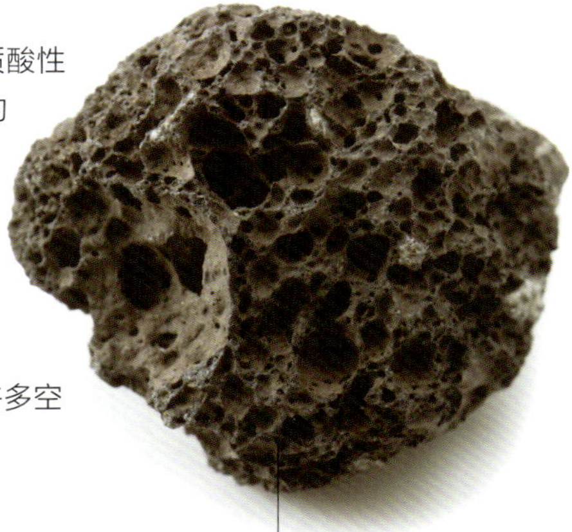

常见的颜色为黑色、黑褐色或暗绿色等

它的气孔体积占岩石体积的50%以上

孔隙多，质量轻，密度小，能浮于水面

分类：酸性至基性	产状：火山	颜色：中等

类别： 岩浆岩　**形成：** 岩浆　**粒度：** 极粗粒

云母伟晶岩

云母伟晶岩是伟晶岩的一种，其矿物成分与花岗岩相似，硅含量大于 65%，石英含量超过 20%，它所含的白云母能形成超过 6 厘米的大薄片。由于它是由岩浆缓慢冷凝而成，因此，拥有巨大晶体。

成因： 云母伟晶岩是形成于地表深处的深成岩。

结构： 云母伟晶岩由岩浆缓慢凝结而成。

分类： 酸性　**产状：** 深成岩体、岩脉、矿床　**颜色：** 浅色

类别： 岩浆岩　**形成：** 岩浆　**粒度：** 中粒、粗粒

闪长岩

闪长岩主要由斜长石和暗色矿物组成，最常见的暗色矿物是角闪石，也有辉石和黑云母。颗粒均匀，多为半自形粒状，呈块状构造。颜色较深，多呈灰黑色，也有带深绿斑点的灰色或浅绿色。

成因： 闪长岩是花岗岩岩体的一部分，以独立侵入岩的形式形成。

结构： 等粒结构，或由长石或角闪石斑晶构成斑状结构。

分类： 中性　**产状：** 深成岩体、岩脉　**颜色：** 中等、深色

类别：岩浆岩　**形成：**侵入　**粒度：**粗粒

正长岩

正长岩的主要矿物成分是长石、角闪石和黑云母，有时也含极少量的石英。它常形成小岩株，并与基性岩、碱性岩构成杂岩体。浅灰色。具有等粒或似斑状结构。

成因：正长岩常见于小侵入体、岩脉和岩床中，常与花岗岩伴生。

结构：正长岩颗粒大小相近，且肉眼可辨。

分类：中性	产状：深成岩体、岩脉	颜色：浅色、深色

类别：岩浆岩　**形成：**侵入　**粒度：**中粒

石英斑岩

石英斑岩具有流纹岩成分，属于隐晶质岩石。一般具有斑状结构，主要是石英斑晶。此外，还含有少量的透长石、正长石或黑云母斑晶。主要呈脉状，有时也为浅成岩体的边缘。当流纹岩发生很大的次生变化时，长石就会变得暗淡无光，石英斑晶就会更明显，这时就会形成石英斑岩。

成因：石英斑岩形成于岩浆冷凝过程的两次结晶。

结构：斑状结构。

分类：酸性	产状：岩脉、岩床	颜色：浅色、中等

类别： 岩浆岩　**形成：** 侵入　**粒度：** 粗粒

斑状花岗岩

斑状花岗岩是花岗岩的一种。它的硅含量超过 65%，石英含量则不少于 20%。此外，还含有粉红色正长石、白色微斜长石或钠长石，而黑云母晶体和石英颗粒则清晰可见，角闪石又加重了它的斑状外表。

成因： 斑状花岗岩是岩浆在地壳深处通过两个阶段冷凝而成。

结构： 粒状或斑状结构。

角闪石加重了斑状外表

黑云母晶体和石英颗粒清晰可见

分类：酸性	产状：深成岩体	颜色：浅色

类别： 岩浆岩　**形成：** 喷出　**粒度：** 细粒

杏仁状安山岩

杏仁状安山岩的主要矿物成分包括角闪石、斜长石、辉石或黑云母。岩石基质呈深浅适中的灰色，斑状结构，斑晶为斜长石。杏仁状安山岩易风化，角闪石会变成绿泥石，斜长石则常风化成绢云母，而气孔的存在将加强风化作用。

成因： 杏仁状安山岩形成于快速冷凝的熔岩。

结构： 斑状结构。岩石表面有许多圆形气孔，被沸石类的矿物填充，这些被填充的气孔称为杏仁孔。

岩石基质呈深浅适中的灰色

细粒，斑状结构，斑晶为斜长石

分类：中性	产状：火山	颜色：中等

类别：岩浆岩　**形成：**喷出　**粒度：**细粒

角闪安山岩

安山岩属于中性钙碱性喷出岩。角闪安山岩因安山岩中含有大量的角闪石而得名。它的整体颜色是紫色。斑状结构，基质为隐晶质，具有斑晶；斑晶主要由角闪石组成，约占20%；角闪石则主要为棕色玄武岩，呈针状，具有金属光泽。

成因：角闪安山岩以火山熔岩流的形式产出。

结构：斑状结构。

分类：中性	**产状：**火山	**颜色：**中等

类别：岩浆岩　**形成：**喷出　**粒度：**极细粒

松脂岩

松脂岩是酸性玻璃质火山岩。它含水分4%~10%，此外，还含有少许斑晶。它具有松脂光泽，贝壳状断口。颜色有褐色、红色、绿色、灰色或黑色等，有时也有斑点或条纹。可用来制造膨胀珍珠岩。

成因：松脂岩主要形成于火山岩中，常与珍珠岩、黑曜岩共生。

结构：微粒状，即使在显微镜下也观察不到发育完好的晶体。

分类：酸性至基性	**产状：**火山、岩脉、岩床	**颜色：**暗色

类别：岩浆岩　形成：喷出　粒度：细粒

金伯利岩

金伯利岩属于碱性或偏碱性的超基性岩。它常具有斑状结构、细粒结构和火山碎屑结构。颜色多呈黑色、暗绿色、灰色等。它主要分布在地壳稳定地区，多呈岩筒、岩床、岩墙。它是产金刚石的岩浆岩之一，是金刚石的母岩。

成因： 金伯利岩由地壳深处的岩浆快速上升冷却而成。

结构： 斑状结构或角砾状结构。

分类：超基性	产状：火山	颜色：深色

类别：岩浆岩　形成：侵入　粒度：中粒

粉红微花花岗岩

花岗岩构成地壳的主要部分，是岩浆在地表下凝结而成的岩浆岩，为深层侵入岩。粉红微花花岗岩是花岗岩的一种，这主要由占大多数的粉红色正长石所决定。它所含的硅含量超过 65%，石英含量超过 20%，而所含的黑云母则呈深色斑点。

成因： 粉红微花花岗岩主要形成于岩脉和岩床，由岩浆浅成侵入形成。

结构： 晶体颗粒在 0.5~5.0 毫米之间，大小基本一致。

分类：酸性	产状：岩脉、岩床	颜色：浅色、中等

类别： 岩浆岩　**形成：** 侵入　**粒度：** 中粒

辉绿岩

辉绿岩的主要矿物成分是辉石和基性长石。此外，它还含有少量的橄榄石、黑云母、石英、磷灰石、磁铁矿、钛铁矿等，与辉长岩的浅成岩相似。晶质，颜色为深灰色、灰黑色等，它的颜色很大程度上受绿泥石的影响。

成因： 辉绿岩由地壳深处的玄武质岩浆向浅处侵入结晶而成，常出现于玄武岩火山口，有时也在造山带单独出现。

结构： 晶状物，呈岩株状。

分类：酸性	产状：深成岩体	颜色：深色

类别： 岩浆岩　**形成：** 侵入　**粒度：** 粗粒

石英二长岩

石英二长岩介于花岗岩和花岗闪长岩之间。它主要由碱性长石、斜长石及石英组成，石英含量为5%~20%。它所含的黑云母使石英二长岩呈斑状外观，基质中有灰色石英小颗粒。与石英二长岩有关的矿产有铜矿、钼矿。

成因： 石英二长岩伴随着巨大的深成岩体在岩浆中形成。

结构： 晶体的颗粒大小通常相等，呈斑状，肉眼均可见。

分类：酸性	产状：深成岩体	颜色：浅色

类别：岩浆岩　**形成：**侵入　**粒度：**粗粒

粗粒花岗岩

粗粒花岗岩属于酸性深成岩，比较常见。它的矿物成分复杂，主要矿物为石英、钾长石、酸性斜长石，其中钾长石多于斜长石。灰白色。当它受物理风化影响时，石英、长石会崩解为散碎的砂粒；在湿热条件下，易受化学风化影响，石英保留粗的砂粒，长石则高岭石化成黏土，形成带黏土的风化物。

成因：粗粒花岗岩形成于地壳深处。

结构：等粒结构，块状构造。

分类：酸性　**产状：**深成岩体　**颜色：**浅色

类别：岩浆岩　**形成：**侵入　**粒度：**粗粒

正长斑岩

正长斑岩与正长岩相似，颜色主要有浅灰色或肉红色等。斑状结构，斑晶为正长石和斜长石，基质为微晶。

成因：正长斑岩形成于小侵入体、岩脉和岩床中，常与花岗岩伴生。

结构：晶体的颗粒大小相近，肉眼均可辨。

分类：中性　**产状：**深成岩体、岩脉　**颜色：**浅色、深色

类别：岩浆岩　**形成：**侵入　**粒度：**粗粒

紫苏花岗岩

紫苏花岗岩属于中酸性侵入岩或变质岩，由紫苏辉石、石英、斜长石和碱性长石组成。它常呈块状或片麻状，颜色也比较深。

成因：紫苏花岗岩形成于高温、高压的变质岩区，常与麻粒岩、斜长岩共生。

结构：块状或片麻状结构。

分类：酸性	产状：深成岩体	颜色：浅色

类别：岩浆岩　**形成：**喷出　**粒度：**中粒

斜方斑岩

斜方斑岩为中性岩，又被称为微正长岩。它的主要矿物为碱性长石、角闪石、辉石和黑云母，硅含量为55%~65%，石英含量为10%。

成因：斜方斑岩以熔岩流和岩脉产出。

结构：斜方斑岩中的长石斑晶横截面呈菱形。

分类：中性	产状：岩脉、岩床	颜色：中等

类别：岩浆岩　**形成：**侵入　**粒度：**粗粒

文象伟晶岩

文象伟晶岩的矿物成分有石英、长石、白云母，其中石英与长石共结，截面上石英呈长条状，似楔形文字，故而得名。浅灰色，块状构造。

成因：文象伟晶岩形成于石英与长石的共结，但有时也由交代作用或固溶体分解形成，常见于花岗岩及伟晶岩的边缘带。

结构：文象伟晶岩由于冷凝速度缓慢，因此形成极粗的颗粒，肉眼就可辨认。

分类：酸性	产状：深成岩体、岩脉、岩床	颜色：浅色

蛇纹岩

蛇纹岩是一种深成岩，属于超基性岩，大部分是由蛇纹岩矿物如叶蛇纹石和纤蛇纹石组成，其他还有铁镁矿物、铬铁矿或铬尖晶石。颜色较深，呈黑色、绿色、红色等。

➲ 成因：蛇纹岩主要由橄榄石蛇纹石化所形成，常生成于褶皱变质岩中，可能由富含橄榄石的侵入体蚀变而成。

➲ 结构：蛇纹岩大多颗粒均肉眼可见。

颜色较深，呈黑色、绿色、红色等

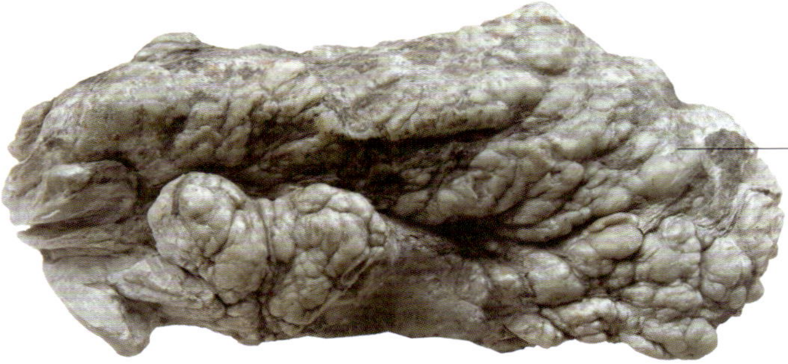

粗粒到中粒，大多肉眼可见

它是一种深成岩，属于超基性岩

分类：超基性	产状：造山带	颜色：深色

类别：岩浆岩　**形成**：侵入　**粒度**：粗粒

更长环斑花岗岩

更长环斑花岗岩是花岗岩的一种，具有一种特殊的斑状结构——更长环斑结构。它的基质矿物为石英、钾长石、黑云母，有时还有角闪石，副矿物则为锆石、磷灰石、金属矿物等。颜色为红色或灰色。

成因：更长环斑花岗岩形成于地壳内部深处，常与其他中酸性侵入岩共生。

结构：更长环斑结构。

分类：酸性	产状：深成岩体	颜色：浅色

类别：岩浆岩　**形成**：侵入　**粒度**：粗粒

白色花岗闪长岩

白色花岗闪长岩的硅含量比花岗岩的硅含量要少，为55%~65%。在它所含的各种元素中，灰色石英和白色长石占很大比例，而深色云母和角闪石则呈现出斑状。整体颜色比较浅。

成因：白色花岗闪长岩形成于多种岩浆侵入体中。

结构：晶体发育完整，但有些填隙的石英为他形。

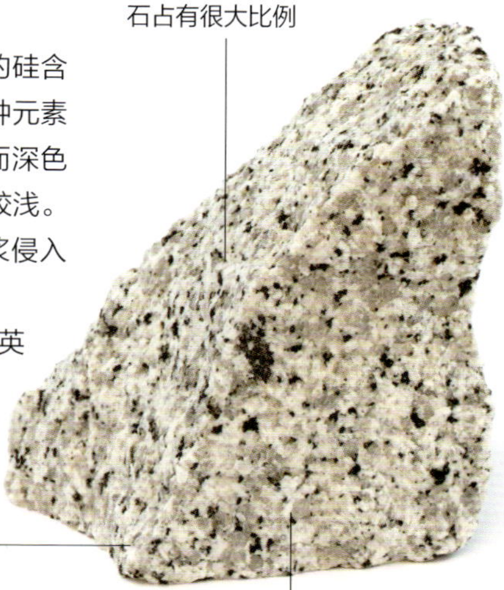

分类：中性	产状：深成岩体	颜色：浅色

类别：岩浆岩 **形成：**侵入 **粒度：**粗粒

钙长岩

钙长岩至少含有90%的斜长石，硅含量很少，几乎不含石英，其他矿物还包括橄榄石、辉石和铁氧化物，有时石榴子石也会围绕它形成反应边。

成因：钙长岩形成于深成岩体，呈岩株、岩脉和层状的侵入体，常在层状分异中与辉长岩伴生。

结构：钙长岩所含的深色矿物常平行排列。

分类：基性	产状：深成岩体	颜色：浅色

类别：岩浆岩 **形成：**侵入 **粒度：**中粒

粒玄岩

粒玄岩，又称煌绿岩，属于粗粒的玄武岩，它与玄武岩的区别就在于不含玻璃质。全晶质，多具有粗玄结构。它的硅含量少于55%，石英含量少于10%，此外，还含有钙斜长石、辉石（普通辉石）、磁铁矿石和橄榄石等。

成因：粒玄岩常产于玄武岩区，呈岩脉和岩床状，与巨大的侵入体伴生。

结构：晶体颗粒径长为0.5~5.0毫米，而它所含的斜长石以自形或半自形晶体的形式嵌在辉石中。

分类：基性	产状：岩脉、岩床	颜色：深色

▌**类别：**岩浆岩　**形成：**侵入　**粒度：**中粒

苏长岩

苏长岩是辉长岩的变种，由培长石、拉长石或中长石和斜方辉石组成，有时还含有橄榄石、黑云母、角闪石和堇青石等。颜色较深，密度较大。铜、镍、铂、铁等都是与苏长岩有关的矿产。

➲ **成因：**苏长岩是由深成环境中的岩浆冷凝而成，常与较大的基性岩体伴生，又与超镁铁质岩及辉长岩共生，但有时也由层状岩浆侵入而形成。

➲ **结构：**层状构造。

分类：基性	**产状：**深成岩体	**颜色：**深色

▌**类别：**岩浆岩　**形成：**喷出　**粒度：**细粒

粗面岩

粗面岩是一种中性火山喷出岩，主要由碱性长石组成，此外，只含少量的斜长石、石英和铁镁矿物等。它通常含有数量不等的斑晶，基质为隐晶质，由多孔的熔渣构造，一般为斑状结构，有时也呈流状。颜色为浅灰色、浅黄色或粉红色等。

➲ **成因：**粗面岩由熔岩流形成，以岩脉和岩床的形式产出。

➲ **结构：**斑状结构。

分类：中性	**产状：**火山	**颜色：**浅色

纯橄榄岩

纯橄榄岩主要由橄榄石组成，含量为90%~100%，此外，还含有少量辉石、铬铁矿、磁铁矿、钛铁矿和磁黄铁矿等。颜色为深绿色、褐绿色等。致密块状。

成因： 纯橄榄岩形成于深成环境，但在基性岩浆分异过程中，常形成小超基性岩体。纯橄榄岩易蚀变为蛇纹石，并常与橄榄岩、辉石岩、辉长岩等形成杂岩体。

结构： 晶体颗粒直径为0.5~5.0毫米，呈粒状和糖粒状结构。

全自形或他形粒状和糖粒状结构，致密块状

颜色为深绿色、褐绿色等

易蚀变为蛇纹石

主要由橄榄石组成，含量为90%~100%

分类：超基性	产状：深成岩体	颜色：深色

类别： 变质岩　**形成：** 造山　**粒度：** 中粒

云母片岩

云母片岩主要由云母类矿物组成，如白云母、黑云母等，次要矿物则为绿泥石、方解石、黄铁矿、磁铁矿等。它的颜色会受所含云母种类的影响。因云母含量较高而呈绢丝光泽，可顺着解理面剥离。

成因： 云母片岩主要由泥岩、页岩或凝灰岩等细粒岩经区域变质作用形成。

结构： 矿物晶体肉眼可辨。

因云母含量较高而呈绢丝光泽，可顺着解理面剥离

颜色会受所含云母种类的影响

它主要由白云母、黑云母等云母类矿物组成

分类：区域	压力：适中	温度：低到适中

片麻岩

片麻岩是一种变质程度较深的变质岩，具有片麻状或条带状构造。它主要由长石、石英、云母等组成，其中长石和石英含量大于50%，但长石多于石英。

成因： 片麻岩经高温高压作用，矿物定向排列成带状，常与变质沉积岩、变质岩浆岩、混合岩和花岗岩等伴生。

结构： 粒状结构。

分类：区域	压力：高	温度：高

类别： 变质岩　**形成：** 造山　**粒度：** 粗粒

角闪岩

角闪岩主要是由角闪石矿物组成，常见的有普通角闪石和斜长石。它是辉石和橄榄石的蚀变物，属于超铁镁岩，除普通角闪石外，很少含其他矿物。颗粒为中粒到粗粒。

成因： 角闪岩主要由岩浆岩变质而成。

结构： 角闪岩有时会形成叶理或片理。

分类：区域变质	压力：高	温度：高

类别： 变质岩　**形成：** 接触变质带　**粒度：** 细粒、粗粒

大理岩

大理岩，因产于中国云南省大理县而得名，主要由方解石和白云石组成。粒状结构，块状或条带状构造。以白色和灰色最为常见，但也有其他颜色和花纹，如浅灰色、浅红色、浅黄色、绿色、褐色、黑色等，其产生的主要原因是它含有少量的有色矿物和杂质。

成因： 大理岩主要由石灰岩、白云质灰岩、白云岩等经区域变质作用和接触变质作用而成。

结构： 用放大镜，尤其是在显微镜下可见方解石晶体相互联结形成的镶嵌结构。

分类：接触变质	压力：低	压力：高

类别：变质岩　形成：造山　粒度：细粒

黑板岩

黑板岩是由泥质沉积物如黏土岩、泥岩、页岩和细粒凝灰岩等变质而成，含有黏土、石英、云母和长石等，而有机矿物成分石墨和黄铁矿使岩石呈黑色。

成因：黑板岩是细粒泥质沉积物如泥石或页岩在低温低压条件下经区域变质作用而成。

结构：黑板岩具有独特的片理，由片状矿物定向排列所致。

分类：区域变质	压力：低	温度：低

类别：变质岩　形成：造山　粒度：细粒、中粒

千枚岩

千枚岩属于低级变质岩，具有千枚状构造。细粒鳞片状结构，片理面上有小皱纹。它由黏土岩、粉砂岩或中酸性凝灰岩经区域低温动力变质作用或区域动力热流变质作用而成。

成因：千枚岩是泥质沉积物在较强压力和较低温度的变质作用下所形成。

结构：鳞片状结构。

分类：区域变质	压力：低、中	温度：低

类别： 沉积岩　**形成：** 海洋　**粒度：** 细粒

黑色页岩

黑色页岩由黏土矿物的混合物以及石英、长石和云母碎屑组成，含碳质以及黄铁矿、石膏等。由于黄铁矿形成于静水深处的缺氧条件下，在层面上常呈立方体晶体产出，因此，黑色页岩受黄铁矿影响，化石常被黄铁矿化。

成因： 黑色页岩是由黏土物质沉积海洋而形成。

结构： 细粒状，可在显微镜下看见。细层理，沿层面易于剥离。

整体呈黑色，在层面上有立方体晶体

细层理，岩层面易于剥离

常含化石，由于受黄铁矿的影响，化石常被黄铁矿化

细粒状，可在显微镜下看见

分类： 碎屑岩	**化石：** 无脊椎动物、脊椎动物	**颗粒形态：** 棱角状

化石页岩

化石页岩因含丰富的化石而得名，是页岩的一种，其成分与其他页岩的化学成分相近，但由于它所含化石，因此它的方解石含量很高。除完整化石外，它还含有化石碎片。

成因：化石页岩可形成于浅海，也可形成于淡水。

结构：细粒状，可保存微细构造的化石。

上有植物叶片的印迹

页岩基质，呈细粒状，可保存微细构造的化石

含有丰富的动植物化石

分类：碎屑岩	化石：无脊椎动物、脊椎动物	颗粒形态：棱角状

类别：沉积岩　**形成：**海洋、盐湖　**粒度：**晶质

石膏

石膏常呈块状产出，含水合硫酸钙。纤维状集合体，常强烈扭曲，有时也呈层状。质地柔软，用指甲就可刻划。

成因：石膏产生于蒸发岩，常与砂岩、泥灰岩、石灰岩、硬石膏、石盐和方解石等矿物伴生。

结构：晶状物，从粗粒到细粒都有。

晶状物，从粗粒到细粒都有

常呈块状产出，纤维状集合体，常强烈扭曲，有时也呈层状

质地柔软，用指甲就可刻画

分类：化学岩	**化石：**无	**颗粒形态：**结晶

白垩

白垩是由方解石组成的纯石灰岩，只含少量的粉砂或泥质。它含有许多微生物，如石藻类和有孔虫，这些可借助显微镜看见。除此之外，它还含肉眼可见的化石，如软体动物、双壳类、腕足类和棘皮类等动物化石。

➲ 成因：白垩形成于白垩纪海洋。

➲ 结构：呈微粒状。

分类：化学岩 | 化石：无脊椎动物、脊椎动物 | 颗粒形态：圆形、棱角状

类别：沉积岩　**形成：**海洋、淡水　**粒度：**中粒、细粒

贝壳石灰岩

贝壳石灰岩是含有大量化石贝壳的石灰岩总称，含有多种腕足动物和双壳类动物化石。除此之外，它的岩石基质为方解石的胶结，还含有矿物碎屑和氧化铁，因此，岩石的颜色为浅棕色。

成因：贝壳石灰岩主要形成于海洋，少数形成于淡水。

结构：贝壳石灰岩的岩石基质颗粒为中粒到细粒。

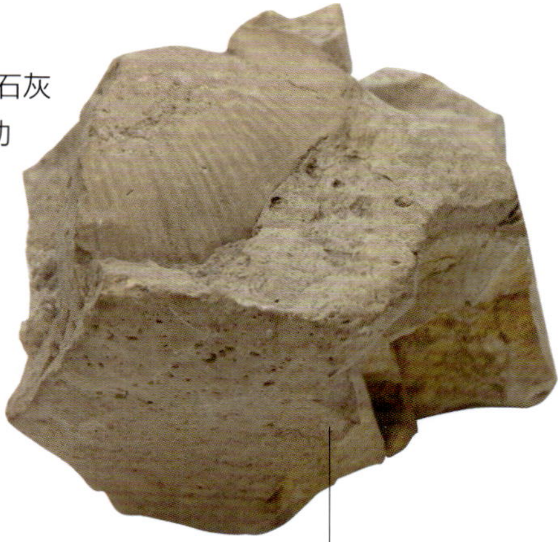

岩石基质为方解石胶结，还含有矿物碎屑和氧化铁，岩石为浅棕色

含有多种腕足动物和双壳类动物化石

岩石基质颗粒从中粒到细粒

分类：化学岩	**化石：**无脊椎动物	**颗粒形态：**棱角状

白云岩

白云岩因白云石的含量很高而得名，此外，还含有矿物碎屑和次生氧化硅。因为白云石由碳酸镁矿物组成，所以白云岩较其他石灰岩颜色要深。它所含的化石量少于其他石灰岩，这是由于白云岩在成岩过程中受重晶石作用，使岩石遭到破坏。

成因： 白云岩形成于海洋环境，由交代原石灰岩二次形成。

结构： 等粒结构，通常呈致密状和土状。

等粒结构，通常呈致密状和土状

因为白云岩由碳酸镁矿物组成，所以，白云岩较其他石灰岩颜色要深

所含化石量少于其他石灰岩，这也是由于白云岩在成岩过程中受重晶石作用，使岩石遭到破坏

分类：化学岩	化石：无脊椎动物	颗粒形态：结晶

类别：沉积岩　**形成：**陆地　**粒度：**中粒、细粒

烟煤

烟煤的含碳量很高，有时还有可辨认的植物。质硬而脆，具有交替的闪光层和暗淡层。在结构上，呈两组节理直角相交的构造，断裂后则似正方体。如果触摸，可污手。

成因：烟煤是由褐煤层在压力作用下形成。

结构：结构均匀，外观似熔合物质。

结构均匀，外观似熔合物质

质硬而脆，具有交替的闪光层和暗淡层

如果触摸，可污手

分类：化学岩	**化石：**植物	**颗粒形态：**无

无烟煤

无烟煤与其他煤相比，含碳量更高，并且更具玻璃质感，燃点也远高于其他煤，属于等级较高的煤。

成因： 无烟煤是由泥炭聚积而成。压力的增大和温度的增加，导致挥发物质挥发，从而形成无烟煤。

结构： 颗粒状。

分类：化学岩	化石：植物	颗粒形态：无

泥炭

泥炭是植物转变成褐煤和烟煤的初始阶段。颜色从深棕色至黑色。含水量很高，含碳量也很高，质地松脆，用手即可把它弄碎。

成因： 泥炭主要是植物残骸在森林、沼泽等地经沉积腐烂而形成，可厚达数米。

结构： 结构比较松散，可见到大量植物碎片。

颜色从深棕色至黑色

结构较松散，可见到大量的植物碎片

由植物残骸沉积形成，是褐煤和烟煤的初始阶段

含水量很高，含碳量也很高，质地松脆，用手即可把它弄碎

分类： 化学岩 | **化石：** 植物、无脊椎动物 | **颗粒形态：** 无

燧石

燧石通常以硅质结核或片状产出，尤其是在石灰岩之类的沉积岩和熔岩中。呈浅灰色，质地坚硬、致密，断裂后会形成贝壳状断口，它的薄片曾被用作工具。

成因： 燧石由氧化硅沉积而成，一般以胶体状、带状和结核状存在于海底。

结构： 燧石由隐晶质的氧化硅组成，显微镜下可观察到它的成分。

分类： 化学岩　**化石：** 无脊椎动物、植物　**颗粒形态：** 结晶

类别：陨石　形成：外星　粒度：结晶

铁陨石

铁陨石是由各占 50% 的金属矿物和硅酸盐物质组成，金属成分一般为镍铁合金，而硅酸盐在地球上的许多岩石中都存在，如橄榄石、辉石和斜长石等。它通常会因风化而剥落，因此，表面会产生麻点。

成因： 铁陨石相当罕见，只占陨石的 4%。

结构： 岩石表面凹凸不平。

通常会因风化而剥落，因此，表面会产生麻点

棱角形、圆形

岩石表面凹凸不平

分类：铁石	形状：棱角形、圆形	成分：硅酸盐、金属

类别：沉积岩　**形成：**陆地　**粒度：**细粒

泉华

泉华主要由方解石（碳酸钙）组成，而其中所含的氧化铁杂质使泉华呈现出独特的黄色和红色，而多砾石的泉华则被称为石质结砾岩，这是一种多孔、无层理的沉积物。泉华的形成速度很快，在有利的条件下，现代生物几个月内就会生成皮壳。

成因：泉华是含钙的水把植物和苔藓覆盖住，形成带有皮壳的化石。

结构：结晶体，具有沉积纹理。

分类：化学岩	化石：植物、无脊椎动物	颗粒形态：结晶

类别：沉积岩　**形成：**陆地　**粒度：**晶质

石灰华

石灰华是一种更致密、呈带状的泉华，主要由纯碳酸钙组成，还含有一些碎屑和黏土，但几乎不含化石。它一般颜色较淡，除非含有铁化合物或其他会使岩石有颜色的杂质。一般呈圆粒状、葡萄状或块状，常有带状构造。

成因：石灰华是由固体碳酸钙沉积而成，产于岩层，常成层产出，与深源喷出的泉水有关，尤其是火山地区的温泉。

结构：石灰华由方解石的微小晶体组成，并将其他沉积颗粒胶结。

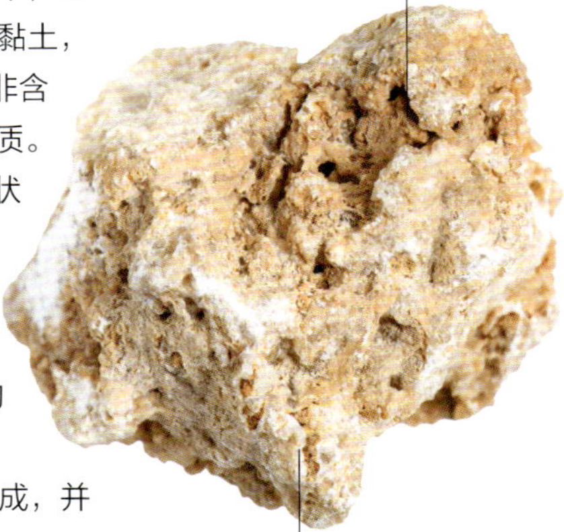

分类：化学岩	化石：罕见	颗粒形态：结晶

类别：沉积岩　**形成**：陆地　**粒度**：晶质

钟乳石

钟乳石由碳酸钙组成，沉积岩构造。颜色较淡，有时因含杂质（如氧化铁）而带有颜色。当含钙水与空气接触时，会释放出二氧化碳，然后使碳酸钙慢慢沉积下来，而水分的蒸发则加速了这个过程。

➲ 成因：钟乳石由洞穴顶部裂隙渗出的含钙水沉积而成。

➲ 结构：细长状，常生于洞穴顶部。

分类：化学岩	化石：无	颗粒形态：结晶

类别：沉积岩　**形成**：过渡带、水　**粒度**：极粗粒

角砾岩

角砾岩呈棱角状，且包围的基质物质也呈棱角状。这些大型的棱角状碎屑堆积形成于多种环境，尤其是形成于风化作用。它还被细粒至中粒的矿物盐或矿物砂胶结。

➲ 成因：角砾岩形成于悬崖底部的岩屑堆。

➲ 结构：层理构造，只能在野外大范围内看清。

分类：碎屑岩	化石：不常见	颗粒形态：棱角状

类别：沉积岩　**形成：**大陆　**粒度：**细粒

黄土

黄土呈浅黄色或浅棕色，一般由微小棱角状的石英、长石、方解石颗粒以及其他岩石碎屑组成。由于风的作用，黄土颗粒可能被磨圆，以致难以辨认其层理。中国有深厚的黄土层。

成因：黄土由风力作用搬运沉积而成，并形成了厚的黄土层。

结构：黄土呈多孔状和土状，如果胶结不佳，则易碎。

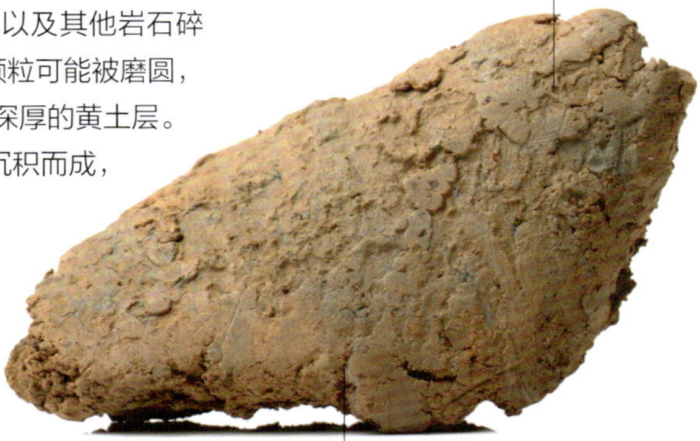

分类：碎屑岩	化石：罕见，但中国较为常见	颗粒形态：圆形、棱角状

类别：沉积岩　**形成：**海洋、盐湖　**粒度：**晶质

钾盐

钾盐产生于岩层中，与岩盐、石膏和白云岩共生。质纯的钾盐呈浅灰色，但含氧化铁时则呈橘红色。

成因：钾盐是咸水按一定沉积顺序形成，产生于白云岩、泥灰岩和泥岩等蒸发层。

结构：晶状物。

分类：化学岩	化石：无	颗粒形态：结晶

类别： 沉积岩　**形成：** 海洋、淡水、大陆　**粒度：** 中粒

砂岩

砂岩主要由石英颗粒组成，也含有长石、云母或其他矿物。它一般会被氧化硅、方解石或氧化铁胶结。

成因： 砂岩是比较常见的岩石，可形成于多种地质环境，但大多数形成于水中，也有少数形成于干旱的内陆。

结构： 砂岩颗粒大小均匀，呈棱角状或圆形。

一般会被氧化硅、方解石或氧化铁胶结

颗粒大小均匀，呈棱角状或圆形

主要由石英颗粒组成，也含有长石、云母或其他矿物

分类： 碎屑岩 | **化石：** 无脊椎动物、脊椎动物 | **颗粒形态：** 棱角状、圆形

▌**类别：**沉积岩　**形成：**海洋、淡水　**粒度：**细粒

泥岩

泥岩是由黏土矿物以及石英、长石碎屑和云母混合组成，含有氧化铁。它的许多特征与页岩相同，可能还含有化石，但它的层理发育不如页岩。

➲ **成因：**泥岩形成于多种沉积环境，主要由混浊的泥质沉积物在海洋和湖泊中沉积而成。

➲ **结构：**细小颗粒状物，肉眼无法辨认。

分类：碎屑岩	**化石：**无脊椎动物、植物	**颗粒形态：**棱角状

▌**类别：**沉积岩　**形成：**陆地　**粒度：**中粒、细粒

褐煤

褐煤是低级煤，含有大量杂乱堆积的植物碎片，碳含量则在烟煤和泥炭之间。含水量很高，易碎，此外，还含有较多的挥发物质和杂质。颜色为棕色。

➲ **成因：**褐煤存在于第三纪和中生代岩层，但偶尔也由浅层泥炭形成。

➲ **结构：**褐煤不如其他煤致密。

分类：有机岩	**化石：**植物	**颗粒形态：**无

类别： 沉积岩　**形成：** 过渡带、水　**粒度：** 粗粒

砾岩

砾岩是一种碎屑岩，颗粒直径大于 2 毫米，圆状和次圆状的砾石占岩石总量 30% 以上。它的碎屑主要成分是岩屑，也有少量的矿物碎屑，填隙物则为砂、粉砂、黏土物质和化学沉淀物质。

成因： 砾岩层一般形成于大规模的造山运动之后，而地形陡峭、气候干燥的山区则能为它的形成提供有利条件。

结构： 层理构造，只有在野外大范围内才能看清。

分类：碎岩屑	化石：不常见	颗粒形态：棱角状

类别： 沉积岩　**形成：** 过渡带、水　**粒度：** 粗粒

竹叶状石灰岩

竹叶状石灰岩是石灰岩的一种，属碳酸盐类沉积岩。碎石经海水长时间侵蚀，逐渐变成似橄榄状的碎石块，后又经地壳运动，被某种钙胶结、黏合、挤压在一起，最后经雨水冲刷、风力侵蚀等形成。

成因： 竹叶状石灰岩是在浅水海洋中形成的薄层石灰岩，被强劲的水动力撕碎、搬运和磨蚀，然后堆积下来，再经成岩作用，从而形成竹叶状石灰岩。

结构： 竹叶状。

分类：碎屑岩	化石：无脊椎动物	颗粒形态：棱角状

■ **类别：**沉积岩　**形成：**海洋、淡水、陆地　**粒度：**粗粒、中粒

玻璃石英砂岩

玻璃石英砂岩是制作各种玻璃制品的硅质原料，其中二氧化硅含量为 96%~97%，三氧化二铁的含量小于 0.2%。

➲ **成因：**玻璃石英砂岩产生于岩石碎屑中。

➲ **结构：**较致密，硬度大。

分类：碎屑岩 | **化石：**无脊椎动物、脊椎动物 | **颗粒形态：**棱角状

索引